本书系以下项目的研究成果：
国家自然科学基金青年项目（72202148）
"数字化知识平台中用户角色及其知识付费行为机理研究"
北京市教育委员会科学研究计划项目资助（SM202310038001）
"北京市数字消费驱动下在线用户的内容消费行为机理研究"

数字化知识平台中用户行为的前因与形成机理研究

时 笑 ◎ 著

首都经济贸易大学出版社
Capital University of Economics and Business Press

·北 京·

图书在版编目（CIP）数据

数字化知识平台中用户行为的前因与形成机理研究 / 时笑著. -- 北京：首都经济贸易大学出版社，2025.3.
ISBN 978-7-5638-3880-6

Ⅰ.G302

中国国家版本馆 CIP 数据核字第 2025XF2133 号

数字化知识平台中用户行为的前因与形成机理研究
SHUZIHUA ZHISHI PINGTAI ZHONG YONGHU XINGWEI DE QIANYIN YU XINGCHENG JILI YANJIU
时　笑　著

责任编辑	杨丹璇
封面设计	砚祥志远·激光照排　TEL：010-65976003
出版发行	首都经济贸易大学出版社
地　　址	北京市朝阳区红庙（邮编 100026）
电　　话	(010)65976483　65065761　65071505(传真)
网　　址	https://sjmcb.cueb.edu.cn
经　　销	全国新华书店
照　　排	北京砚祥志远激光照排技术有限公司
印　　刷	北京建宏印刷有限公司
成品尺寸	170 毫米×240 毫米　1/16
字　　数	143 千字
印　　张	9
版　　次	2025 年 3 月第 1 版
印　　次	2025 年 3 月第 1 次印刷
书　　号	ISBN 978-7-5638-3880-6
定　　价	42.00 元

图书印装若有质量问题，本社负责调换
版权所有　侵权必究

前　言

随着智能化前沿技术的落地应用，知识内容数字化的程度日渐加强。在数字化知识平台中，在线泛知识内容的载体包括搜索引擎检索、在线知识问答、音视频课堂等。数字化知识平台因数字化和信息化的技术支撑，具有实时交互性、知识可追踪性、平台可靠性等特征。诸如中国知网、知乎、小木虫、Quora、Stack Overflow等数字化知识平台，可供用户在线参与并进行知识内容传播。作为知识和信息的重要传播渠道，数字化知识平台应提高平台治理能力，全方位了解用户，提升用户体验。基于此，对数字化知识平台的运营管理开展研究，显得十分必要。

本书以数字化知识平台为研究背景，以知乎用户为主要研究对象，分析用户行为的前因与形成机理。平台的发展运营不仅依赖于用户的活跃参与，更需要来自付费产品的收益。因此，基于当前的数字化知识平台发展现状，亟须关注以下几方面的研究问题：第一，如何塑造用户依恋从而吸引用户停留在数字化知识平台中？哪些因素能够影响他们构建对平台和对内容创造者的依恋？第二，数字化知识平台中的用户有哪些类型？不同用户类型在构建情感依恋时有何差异？第三，数字化知识平台中的特征有哪些？这些特征如何激励用户的积极参与行为？第四，对于平台中的知识付费产品，用户会搜索哪些与知识产品本身及平台环境相关的线索？这些线索又如何刺激用户付费购买知识产品？

为了解决上述研究问题，本书通过展开三个子研究进行分析与探究，系统地验证了用户行为的形成过程和情感反应，分别展示在第3、4、5章中。在充分借鉴现有理论成果和数据分析方法的基础上，本书对数字化知识平台用户进行数据采集与检验。本书的创新点主要包括：①前沿问题的着眼与探索。本书所探讨的科学问题源自现实中知乎平台的运营管理问题，研究结果也将应用于平台的知识管理、用户运营以及付费业务的推广,以促进数字化知识平台的健康可持续发展。②多理论的结合与深化。传统的关于数字化知识平台的研究大多直接采用现有理论,未对理论结合情境进行调整与补充。本书不仅综合了管理学领域、心理学领域以及人类行为学领域的理论知识,构建了各研究内容中的模型框架,还对部分理论中的概念进行了重新定义与解读。③多方法的协作与融合。单一的用户反馈数据或客观行为数据都存在很多噪声,如回忆数据不够准确、主观回答的感受不够真实、客观行为考虑不周全、客观数据选择时的内生性问题等。为避免出现这些问题,本书不仅收集了需要反映用户主观感受的问卷数据,也抓取了多阶段的用户实际付费行为客观数据。这不但能更有效合理地验证本书的理论模型和假设,也能极大地减少单一方法造成的共同方法偏差,使得结果的有效性和推广性大大增强。

目 录

1 绪论 ·· 1
　1.1 研究背景 ·· 3
　1.2 研究问题与研究内容 ·· 6
　1.3 研究方法与内容结构 ·· 8
　1.4 研究创新点 ·· 11

2 文献综述与理论基础 ·· 15
　2.1 数字化知识平台的研究现状：文献计量研究 ················ 17
　2.2 数字化知识平台的相关研究综述 ································ 20
　2.3 理论基础 ·· 28
　2.4 本章小结 ·· 35

3 数字化知识平台中的用户依恋形成机理研究 ·················· 37
　3.1 引言 ··· 39
　3.2 研究模型及假设 ·· 41
　3.3 研究方法 ·· 47
　3.4 数据分析及结果 ·· 50
　3.5 结果分析与研究意义 ·· 56
　3.6 本章小结 ·· 60

4 数字化知识平台中的用户积极参与行为分析 ·············· 61
4.1 引言 ··· 63
4.2 研究模型及假设 ······································· 64
4.3 研究方法 ·· 68
4.4 数据分析及结果 ······································· 70
4.5 结果分析与研究意义 ································· 74
4.6 本章小结 ·· 77

5 数字化知识平台中的用户付费行为研究 ·················· 79
5.1 引言 ··· 81
5.2 研究模型及假设 ······································· 82
5.3 研究方法 ·· 87
5.4 数据分析及结果 ······································· 91
5.5 结果分析与研究意义 ································· 97
5.6 本章小结 ·· 100

6 结语与展望 ··· 101
6.1 主要研究结论 ·· 103
6.2 理论贡献 ·· 105
6.3 实践启示 ·· 108
6.4 研究局限与展望 ······································· 110

参考文献 ··· 112

1 绪论

1.1 研究背景

"十四五"时期,信息化技术的飞速发展加快了数字化的进程,数字中国建设进入新阶段。根据中国互联网信息中心(CNNIC)2021年发布的《中国互联网络发展状况统计报告》,截至2021年6月,我国网民规模达10.11亿人,互联网普及率达71.6%,较上年同期增长10.4%。可见2021年以来,我国互联网进一步发挥着支撑引领作用,数字化经济质量日益提升。习近平总书记强调,没有信息化就没有现代化。《"十四五"国家信息化规划》指出,当前我国核心技术与知识内容的数字化和信息化服务水平有待提高,应支持和鼓励平台企业等研究制定支撑新型知识消费的服务和产业。数智赋能为数字经济发展提供了机会,也推动了数字化信息系统的不断革新和升级(陈国青等,2022)。数字化知识平台正是一种数字化的知识共享平台,平台成员通过提问和回答的形式进行知识交换(Lou et al., 2013)。与搜索引擎平台(如百度百科、维基百科)相比,数字化知识平台拥有答案多样性、沟通便捷性、信息时效性、内容个性化等诸多优势,成为当下最流行的知识信息获取平台(张鹏翼、张璐,2015)。居民对数字化产品及数字化服务的消费,即数字消费,将成为未来产业的核心引擎,以及构建国内国际双循环发展格局的重要力量(朱岩、石言,2019;汤铎铎等,2020)。而2021年12月20日,国家互联网信息办公室声明知乎平台多次出现违禁信息等问题。数字化知识平台带来了较差的用户体验,引起了用户的强烈不满。作为知识和信息的重要传播渠道,数字化知识平台应提高平台治理能力、全方位了解用户、提升用户体验。基于此,对数字化知识平台的运营管理开展研究,显得十分必要。

迄今为止,具有代表性的国外数字化知识平台包括Quora、Yahoo! Answers、Answerbag、Stack Overflow等。国内较知名的数字化知识平台有知乎、喜马拉雅FM、得到App等。中国的数字化知识平台最早从2010年开始上线,从初期实行邀请注册制到后期向公众开放注册,陆续吸引了大量互联网用户加入平台进行问答互动。以知乎为例,其在2013年拥有400万个注册用户,截至2020年已拥有3亿个左右的注册用户,2020年月度活跃用户数量达2 358.7万个（易观，2020）。这些数据表明，近些年来大量互联网用户开始接受并使用数字化知识平台。数字化知识平台的运营发展需要盈利，较早的数字化知识平台（如Quora）主要依赖广告收入，而这是远远不够支撑平台运营的。为了获利，数字化知识平台开始尝试知识变现，开展知识付费业务。目前，国内的数字化知识平台（如知乎、喜马拉雅FM）正通过提供知识付费产品获利。自2017年以来，中国知识付费行业迎来了飞速发展的阶段。中国知识付费行业市场规模自2017年的49.1亿元人民币快速上涨至2022年的1 126.5亿元人民币。根据艾媒咨询的《2024年中国知识付费行业发展情况与消费行为调研分析报告》，中国知识付费用户规模自2017年的1.9亿人平稳增长至2024年的6.1亿人。如今，用户能够在知乎平台中享用超过5.7万个知识服务产品，其中包括2 000多场盐选专栏（精选问答）、近1万场知乎Live（直播课程）、约1.1万本国内外一线杂志以及3.4万本优质电子书和讲书。由此可见，数字化知识平台不仅吸引了大量互联网用户加入其中，也集中了大量的知识信息，包括公开免费的信息内容和付费的知识产品。随着智能化前沿技术的落地应用，知识内容的数字化程度日渐加强。国内知识付费服务的质量和场景在移动支付的普及下得以延伸，市场规模也随之扩大。然而，用户普遍有"搭便车"免费获取内容的倾向，不仅会削减知识提供者的贡献积极性，更不利于平台中的知识产生和更新。因此，如何有效推广数字化知识平台中的付费知识产品成为平台长效运营面临的关键问题。

  对于数字化知识平台，学者们将其定义为一种基于网络的内容服务平台，供人们在问答等交流中寻找信息（Oh et al., 2008）。该平台可以让用户发布问题、评论并与他人一起讨论（Fu and Oh, 2019）。本书将数字化知识平台定义为一种综合了问答（通过问答方式交换信息）和社交（与他人互动交流）功能的在线知识平台，并将平台成员划分为用户和内容创造者。在现有研究中，数字化知识平台中的用户类型有领袖、学术权威型用户、活跃型用户、潜水型用户、提问者、回答者、讨论者及专家等（Liu and Jansen, 2018; Deng et al., 2020）。显而易见，该平台中的用户存在不同类型，并非单一的知识接收者和知识提供者。依据成员行为上的差异，可以将数字化知识平台中的成员划分为潜水浏览者、积极呼应者、主动付费者以及内容创造者。如

图 1.1 所示，一方面，用户在平台中搜索信息、浏览内容、提出问题、与他人互动或者付费获取知识。他们也被视为平台中的提问者（张颖、朱庆华，2018）、信息消费者（Liu et al., 2019）或知识搜索者（常亚平等，2011；Shah et al., 2014；Sarkar and Sarkar, 2019）。另一方面，内容创造者在平台中积极回复他人的问题，提供免费或付费的知识，在信息分享与信息传播中扮演重要角色（Liu et al., 2019）。内容创造者在平台中常常被认为是回答者、学者或专家（Jeng et al., 2017；Neshati et al., 2017）。在知识获取方和知识提供方之间，提问和回答的方式促成了数字化知识平台中的知识流动。

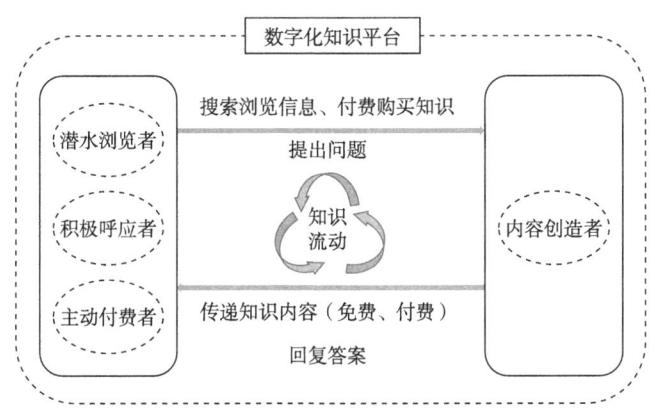

图 1.1 数字化知识平台网络构成

目前，数字化知识平台尚处在蓬勃发展的阶段，如何妥善运营和管理此类平台引起了业界和研究者们的广泛关注。一方面，有学者发现用户使用数字化知识平台的活跃—衰退期很短（Ren et al., 2012），这对平台运营来说也是一项重大挑战。用户很难保持长期持久的活跃度，当用户不再活跃参与平台中的内容搜寻、浏览和讨论时，平台中的成员互动和内容产生也将受到影响。如果用户无法长期停留在平台中，用户使用平台的积极性很难一直保持高涨状态，那么平台将无法经营下去。另一方面，对于知识付费产品这样的新型商品，用户的接纳度尚且不足，而平台的发展运营又依赖付费产品的收入。如何提高用户留存率、增强用户黏性、推动用户积极参与平台、促进用户购买知识产品，值得进一步深入探究。鉴于现存的这些管理问题，亟须探讨数字化知识平台中用户行为的前因与形成机理，以期为管理实践提供帮助。因此，本研究基于前人对数字化知识平台用户行为的研究成果和已有的相关理论，以数字化知识平台中的用户为研究对象，分析用户情感依恋、积极参与行为及付费行为的影响因素，为数字化知识平台的设计和运营提供理论依据和决策支持。

1.2 研究问题与研究内容

1.2.1 研究问题

根据以上背景分析可以得知，数字化知识平台中用户行为的活跃度有待提高。基于当前数字化知识平台的发展现状，亟须关注以下几个方面的研究问题：

第一，如何建立用户依恋从而吸引用户停留在数字化知识平台中？哪些因素能够影响他们构建对平台和对内容创造者的依恋？

第二，数字化知识平台中的用户存在哪些类型？不同类型用户在构建情感依恋时有何差异？

第三，数字化知识平台的特征有哪些？这些特征如何激励用户的积极参与行为？

第四，对于数字化知识平台提供的知识付费产品，用户会搜索哪些与知识产品本身及平台环境相关的线索？这些线索如何刺激用户付费购买知识产品？

1.2.2 研究内容

本书以数字化知识平台为研究背景，以知乎用户为研究对象，分析用户行为的前因与形成机理。为了解决上述四个研究问题，本书将从三个方面展开分析和研究。图1.2展示了第3、4、5章中主要研究内容的逻辑框架。第3章主要回答了前两个研究问题，从用户与平台的关系和用户类别两方面探究对构建用户情感依恋时的影响机制。针对第三个研究问题，第4章探索了平台相关特征对用户积极参与行为的形成机理。针对第四个研究问题，第5章分析了知识产品的特征和社会环境因素对用户付费行为的作用机理。

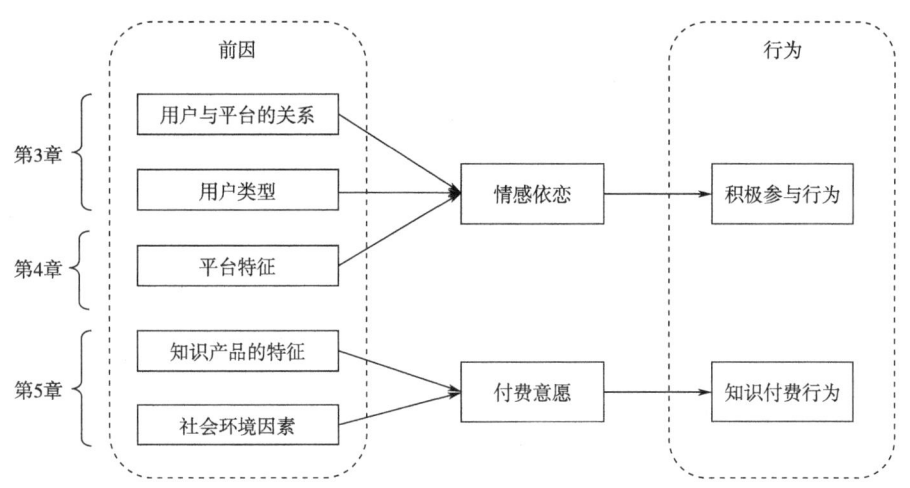

图1.2　第3、4、5章中主要研究内容的逻辑框架

第3章：探索用户如何建立在数字化知识平台中的情感依恋。由于用户很难长期留存在一个平台中，深度挖掘用户在平台中的情感依恋构建有利于加强用户黏性；通过媒介依赖理论，分析理解型、方向型、娱乐型三方面的媒介依赖关系对建立用户情感依恋的影响。在数字化知识平台中，内容创造者作为知识提供者，提供了平台中的专业知识和对问题的回复，对知识获取者或知识消费者的用户而言十分重要。而平台本身也提供了一个开放公开的信息共享平台，供用户在其中搜索信息和知识。此外，用户的行为差异促使笔者探究并比较不同用户类型对构建用户依恋的影响。根据用户的实际行为差异，数字化知识平台中的用户划分为活跃用户与潜水用户。通过多组用户数据比较，本研究发现了活跃用户与潜水用户在建立用户依恋上的差异。对于平台用户而言，他们与数字化知识平台的情感维系主要包含两方面：一方面是对数字化知识平台的依恋，另一方面是对内容创造者的依恋。本研究也比较了不同用户在建立用户依恋上的区别。

第4章：探讨用户在数字化知识平台中积极参与行为的成因。用户主要从其内容质量和集体效能两方面了解数字化知识平台的特征。内容质量指的是平台中信息知识的完整度、准确性、版式清晰度和现代化程度，反映平台内容是否有较高的价值。集体效能指的是对数字化知识平台中成员的能力判断，关乎他们是否能为其他知识消费者提供优质的信息，以及是否能与其他用户互动讨论，代表着平台中成员的能力水平。根据情绪线索理论，本研究探究这两个表现数字化知识平台特征的变量是否会推动用户依恋的构建，进而基于自我扩张理论来挖掘用户的积极参与行为机制，考量平台内容和平台成员相关因素对用户积极参与行为的影响。

第 5 章：探究用户在数字化知识平台中付费购买知识产品的行为机理。本研究从知识产品的特征和平台环境两方面，利用信息觅食理论和群体信息觅食理论来描述用户受到哪些线索和因素的影响。在用户支付知识产品（直播课程）之前，用户会寻觅信息并依赖各种线索，如平台中免费公开信息的质量、与内容创造者和直播课程相关的信息以及参与者数量。通过这些线索，用户进行判断分析，从而衡量是否支付购买直播课程。通过启发系统式模型，这些用户分析评估信息时的线索可以区分为启发式线索和系统式线索。依据启发系统式处理模型中的双路径可以进一步细化用户付费行为的形成机理。在数字化知识平台的社交环境下，用户的社交活动容易受到线上群体活动信息的影响。社会认可作为一个环境线索，可能会对用户的实际付费决策产生重大影响。因此，本研究在梳理了用户信息搜索和处理过程中存在的影响因素后，构建了关于用户知识付费行为的概念框架，从而探究用户付费行为的形成机理。

1.3 研究方法与内容结构

1.3.1 研究方法

基于数字化知识平台中用户参与行为的前因与形成机理这一研究主题，本书采用定性研究与定量研究相结合的混合型研究方法进行实证研究，使用了 VOSViewer、SPSS、SmartPLS、LISREL 等软件进行数据分析。各个研究内容的一般思路为：文献梳理分析—提出研究问题—构建理论模型并提出假设—数据收集—实证分析—结果讨论。主要涉及的研究方法包括文献调研、问卷调查、实证分析等。本书的研究方法技术路线如图 1.3 所示，具体阐释如下。

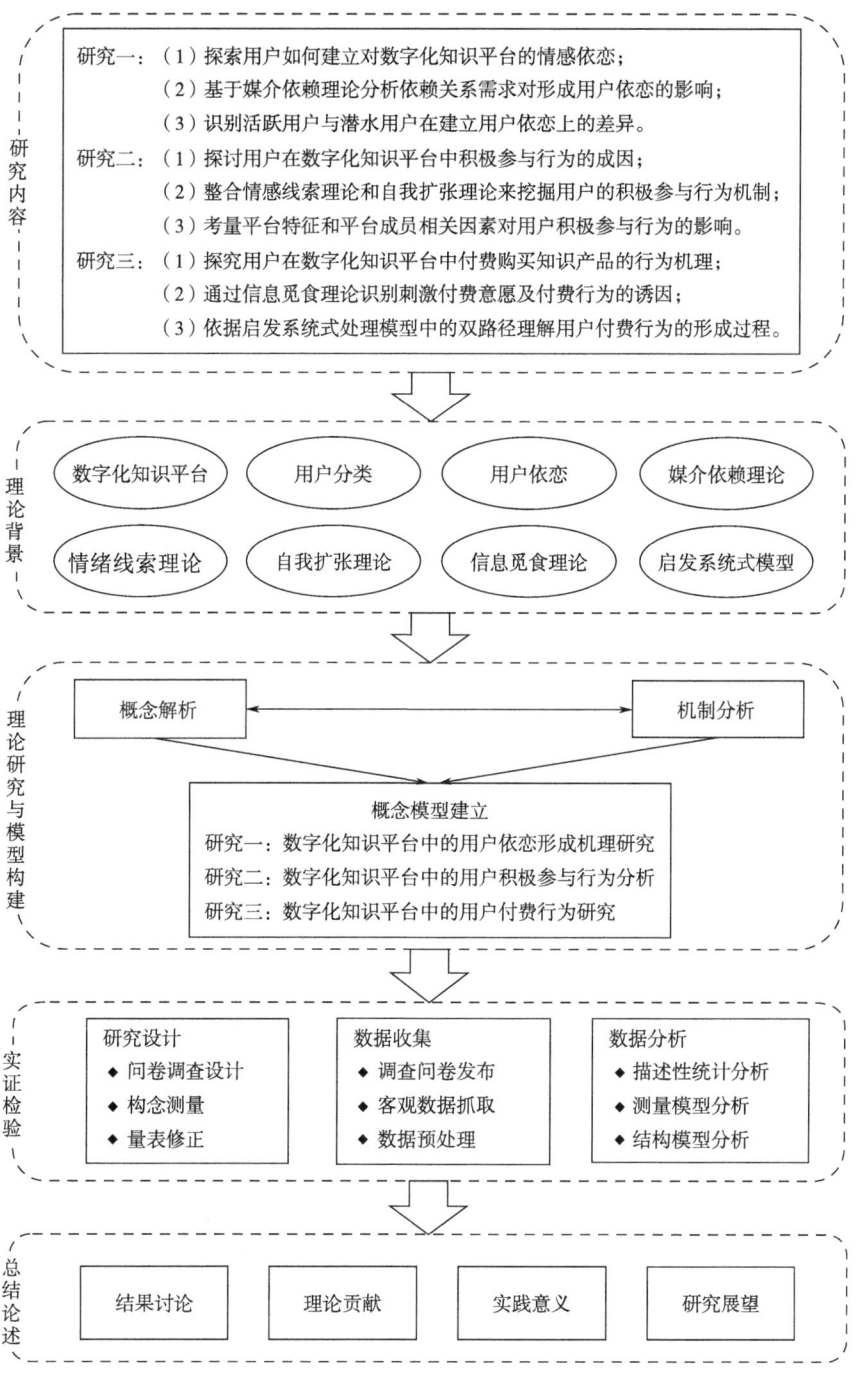

图 1.3 研究方法技术路线

（1）文献调研法

本书从相关数据库中广泛检索与数字化知识平台相关的文献。首先使用定量文献分析方法——文献计量分析法，基于不同的量化指标获得定量研究结论。该方法主要通过文献计量分析软件 VOSViewer 对来自 Web of Science 中国际期刊上的文献数据进行分析，以总结与数字化知识平台有关的研究现状和研究主题。此外，对现有文献进行定性分析，综述与数字化知识平台背景及用户行为相关的文献，详述与研究内容有关的理论背景，为后续三方面研究内容的展开奠定坚实的理论基础。

（2）问卷调查法

本书的三个子研究所使用的数据主要来自问卷调查。基于问卷调查的定量研究方法能够收集用户的真实反馈数据。首先，为了确保问卷设计的合理性及问卷题目的信效度，调查问卷的题项均来源于已有的权威文献，结合数字化知识平台的研究背景进行微调。其次，为确保语义的准确性，在将英文量表翻译成中文量表之后，组建由十几名教师及博士生组成的专家小组进行修正检查。再次，通过线上媒介（如微信、QQ、微博等）分发调查问卷，发送至合适的目标群体（知乎用户），邀请他们填写问卷。最后，为了保证回答者确实为知乎用户，在问卷中要求他们提交自己的知乎账户主页截图。

（3）实证分析法

通过问卷调查获取了足够的样本量和数据量之后，本研究使用 SPSS 对样本数据进行初步的人口统计学描述性分析，检验是否存在共同方法偏误和多重共线性。然后采用 SmartPLS 和 LISREL 检验测量模型的信度、聚合效度、区分效度和模型拟合度，对结构模型使用 SmartPLS 计算路径系数的显著性和解释力度。通过这样一系列的实证分析过程，得出相应的结果并对结果进行讨论和分析。

1.3.2 内容结构

本书共包含 6 章，每章的具体内容如下：

第 1 章：绪论部分。首先，本章在阐述研究背景的基础上，提出了研究问题，详述了研究内容。其次，本章介绍了采用的研究方法和内容结构，阐明了全书的研究架构。最后，本章阐述了本书的创新点。

第2章：文献梳理与理论基础部分。对数字化知识平台相关的研究问题进行文献计量分析，总结出数字化知识平台的研究现状，并识别出该研究背景下的热门研究主题。基于精炼出的文献，综述了数字化知识平台的相关研究现状，包括数字化知识平台概述、用户行为研究现状、成员分类、用户依恋等。在理论基础方面，本章分别对媒介依赖理论、情绪线索理论、自我扩张理论、信息觅食理论、启发系统式模型进行文献回顾与总结。

第3至5章：分别介绍了三个子研究。基于媒介依赖理论，第3章探究用户依恋的构建机制研究；基于自我扩张理论，第4章分析用户依恋扩张至积极参与的用户行为；基于启发系统式处理模型，第5章探索用户的信息觅食和信息处理模式，从而产生用户付费行为的过程。

第6章：总结与展望。本章在总结与归纳全书主要结论的基础上，提出研究的理论贡献和实践启示，进一步总结了本书的局限性，以及展望未来研究的可能性。

1.4 研究创新点

与以往有关数字化知识平台的研究不同，本书以探究用户行为为核心，从用户的情感反应——用户依恋着手开展研究，进而细化用户的不同行为，如积极参与行为与付费行为。本书对数字化知识平台的用户进行细致分析，系统地考虑到用户行为形成背后的过程和情感反应。在充分借鉴现有理论成果和数据分析方法的基础上，对数字化知识平台用户进行数据采集，利用结构方程模型进行假设检验。具体地说，本书的创新点如下：

第一，前沿问题的着眼与探索。本书所探讨的科学问题源自现实中知乎平台的运营管理问题，研究结果也将应用于平台的知识管理、用户运营以及付费业务的推广中，能够促进数字化知识平台的健康可持续发展。具体表现在三方面：一是用户行为差异的比较。虽已有研究根据用户行为的不同将其划分为活跃用户和潜水用户，但尚未有研究将其差异放到数字化知识平台情境下，考虑不同用户的情感依恋构建差异。第3章通过获取用户的实际客观行为，以用户是否会主动提问等行为为标准划分用户类型，从而区分不同用户在构建用户依恋上的差异。二是用户的积极参与行为。之前的研究大多泛化平台成员为用户，而在数字化知识平台中，一部分成员为知识提供者，即内容创造者，另一部分为知识消费者，即用户。第4章通过区别用户与内容创造者，加深对用户积极参与行为表现的理解，有利于平台管理者对用户的经营。三是用户的知识付费行为。数字化知识平台作为一个知识集中化的平台，有别于其他在线平台的是，它会提供知识付费服务，用户为获取知识信息而产生知识付费行为。第5章以信息觅食理论为基础，分析用户寻觅信息时考察的信息诱因。通过启发系统式处理模型细化信息诱因，从启发式处理和系统式处理双路径来理解用户付费意愿及付费行为的机理。通过这种理论模型的整合，构建关于用户付费行为的理论框架。

第二，多理论的结合与深化。传统的关于数字化知识平台的研究大多采用现有理论，未结合情境对理论进行调整与补充。本书不仅综合了管理学领域、心理学领域以及人类行为学领域的理论知识，构建了研究的模型框架，还对媒介依赖理论里的依赖关系维度进行重新定义，从而深化对该理论的认识与理解。有学者指出未来研究可以在不同背景下对理解型、方向型和娱乐型依赖关系的定义和维度进行重新考虑。最初媒介依赖理论是用来解释对于传统媒介（如电视、报刊）的依赖关系的。随着信息技术的发展，人们越来越依赖线上媒介，从而使得对线上媒介（如在线平台）的依赖关系也值得探究。在数字化知识平台背景下，用户对了解自己和周围环境的信息（理解型依赖关系）以及对日常问题的解决办法（方向型依赖关系）仍然符合该情境下用户的需求和目标。但娱乐型依赖关系的原始定义不足以刻画该背景下的用户需求。因此，通过回顾已有文献对用户行为动机的探究，第3章将用户的娱乐型依赖关系重新定义为好奇心和逃避现实。从第3章的数据分析结果可以得知，重新定义后的娱乐型依赖关系可以用来反映数字化知识平台用户的娱乐型依赖关系。

第三，多方法的协作与融合。关于数字化知识平台的已有研究中，主要的数据收集方式有两种：一是用户的主观回答数据，主要通过问卷收集；二是用户的客观行为数据，主要通过爬虫手段进行抓取。单方面的用户反馈数据和客观行为数据都存在很多噪声，如回忆数据不够准确、主观回答的感受不够真实、客观行为考虑不周全、客观数据选择时的内生性问题等。本书为回避这两种方法中的不足，不仅收集了需要反映用户主观感受的问卷数据，也抓取了多阶段的用户实际付费行为客观数据。这样不仅可以更加有效合理地验证本书的理论模型和假设，也能极大地减少单一方法造成的共同方法偏差，使得数据验证结果的有效性和推广性大大增强。现有收集主客观数据进行分析的研究大多关注社交媒介，尚未探究数字化知识平台这样的情境。而在已有的数字化知识平台文献中，缺少利用主客观数据进行用户行为机制的探究。这种多数据类型的收集和分析，能够更加有效、更有说服力地反映问题，也有利于为管理实践提供帮助。

2 文献综述与理论基础

2.1 数字化知识平台的研究现状：文献计量研究

关于数字化知识平台的研究，在相关领域（如信息系统、情报学与图书馆学、信息传播）的国际高水平期刊上已有大量成果。对现有研究的归纳和整理，有助于总结出数字化知识平台的研究现状和研究趋势。文献计量分析方法以每篇文献中的知识单元为目标对象，借助统计学中的计量方法进行分析，以这种定量方法来揭示文献间的内在联系。这种方法已经应用在许多管理学领域中，如信息系统（Yun et al., 2019）、情报学与图书馆学（Ullah and Ameen, 2018）、信息传播（Williams, 2019）和组织行为（Zhu et al., 2019）等，说明文献计量方法对于管理学领域的深入研究起到了重大作用。在引文分析理论、复杂网络系统分析理论、信息可视化技术发展的推动下，文献计量工具（如VOSViewer）应运而生，使文献计量的结果可视化。本研究使用VOSViewer工具对相关文献进行计量分析。VOSViewer是由荷兰莱顿大学科技研究中心人员开发的一款文献计量工具，对文献引用、关键词、被引量等进行计量分析，可用于生成关于文献的聚类视图、叠加视图和密度视图，从而评估文献的研究方向和研究焦点，其可视化结果可供学者使用与探究。

文献计量分析包含三个步骤：

步骤一，文献检索和文献精炼。本研究的文献来源是引文检索数据库——Web of Science，该数据库核心合集收录了12 000多种高影响力的学术期刊，在国际学术界得到广泛认可和采纳。在该数据库里可以检索到关于数字化知识平台的国际学术期刊中的文献。为了检索数字化知识平台的相关研究，笔者在Web of Science上进行了检索查询，检索条件为"digital knowledge platforms""online knowledge community""social Q&A community"等关键词，共计获得1 138篇文献。由于本研究的研究领域属于管理学，初步检索完这些文献之后，选择商学、管理、信息科学、图书馆学领域进行精炼。另外，本研究主要针对高水平期刊上的文献进行总结，而检索出的文献中还存在部分述评或书籍章节等，这部分也需要剔除。最后，还存在部分虽文中提及检索条件的关键词，但并未围绕"数字化知识平台"这一研究背景的文献，这部分需要剔除。精炼后最终剩余177篇文献。

步骤二，文献初步分析。基于步骤一检索出的文献，对论文的数量和被引量、发表期刊贡献网络、高被引论文的研究主题等进行总结。笔者利用Web of Science 的检索分析功能，将其中2011—2020 年的相关文章发表量和文章被引量汇总在图2.1 和图2.2 中。如图2.1 和图2.2 所示，数字化知识平台的文章发表量和文章被引量在后五年较五年前激增，说明学者们正越来越关

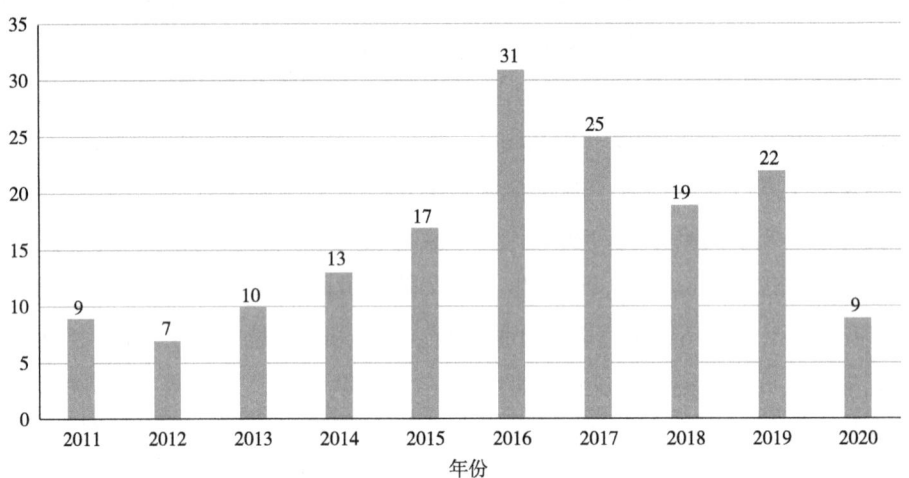

图2.1 2011—2020 年数字化知识平台文章发表量（篇）

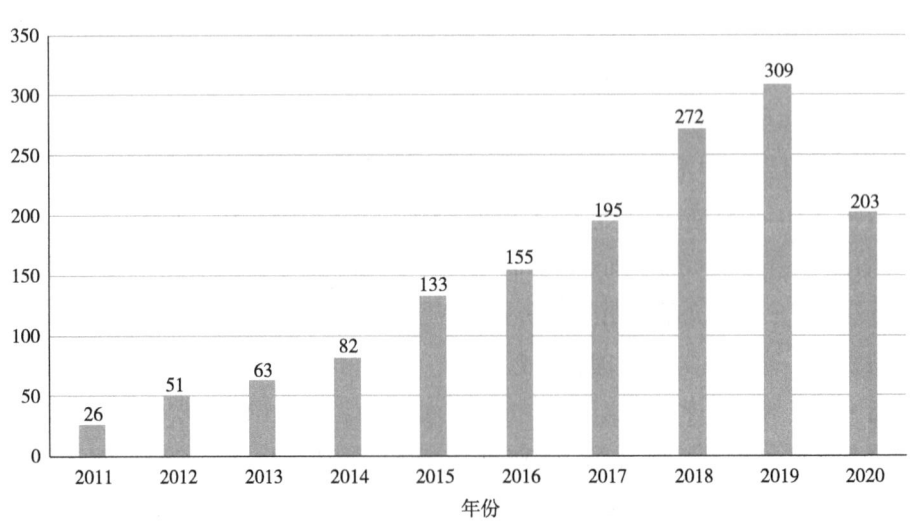

图2.2 2011—2020 年数字化知识平台文章被引量（篇）

注数字化知识平台方面的研究问题。由此可见，数字化知识平台在被大众接纳的同时，也吸引了学者们的注意力。笔者利用 VOSViewer 的计量分析功能，对已发表文献的被引期刊进行聚类分析，分析结果见图 2.3。方框里为期刊名简称，方框越大，说明此期刊被引用的次数越多。如图 2.3 所示，被引量较高的期刊有 Journal of the American Society for Information Science and Technology、MIS Quarterly、Information Processing & Management、Computers in Human Behavior 和 Information Sciences 等，说明在信息系统和信息科学领域中，数字化知识平台的相关研究具有重要影响力。

图 2.3　被引期刊聚类分析

步骤三，关键词共现分析。关键词代表着文献中的主要研究内容，作为关键指标反映文献的内容核心。其分析的基本原理是统计一组关键词在同一文献中出现的频次，用出现的频次来分析关键词组之间的内在亲疏程度。基于这样的关键词组别进行聚类分析，将关系紧密的关键词整理成不同词簇，以反映关于数字化知识平台主题的热点研究内容和核心研究领域。本研究针对数字化知识平台相关的关键词进行共现分析，并在图 2.4 中进行展示。其中，方框越大代表该关键词出现的次数越多；连线越粗说明该关键词与其他关键词共同出现的次数越多，联系越紧密。由图 2.4 可知：①virtual communities 和 online communities 是热门关键词，表明数字化知识平台是一种线上虚拟平台，该情境为热门的研究主题；②q&a 是比较热门的关键词，表明平台中的问答模式是重要的研究主题；③knowledge sharing、information、knowledge 出现的次数也比较多，表明平台中的知识分享和信息内容也是重要的研究热点。除此之外，participation、seeking、search、answers 等也出现了一定次数，表明用户在平台中的不同参与行为也得到了学者们的关注和重视。

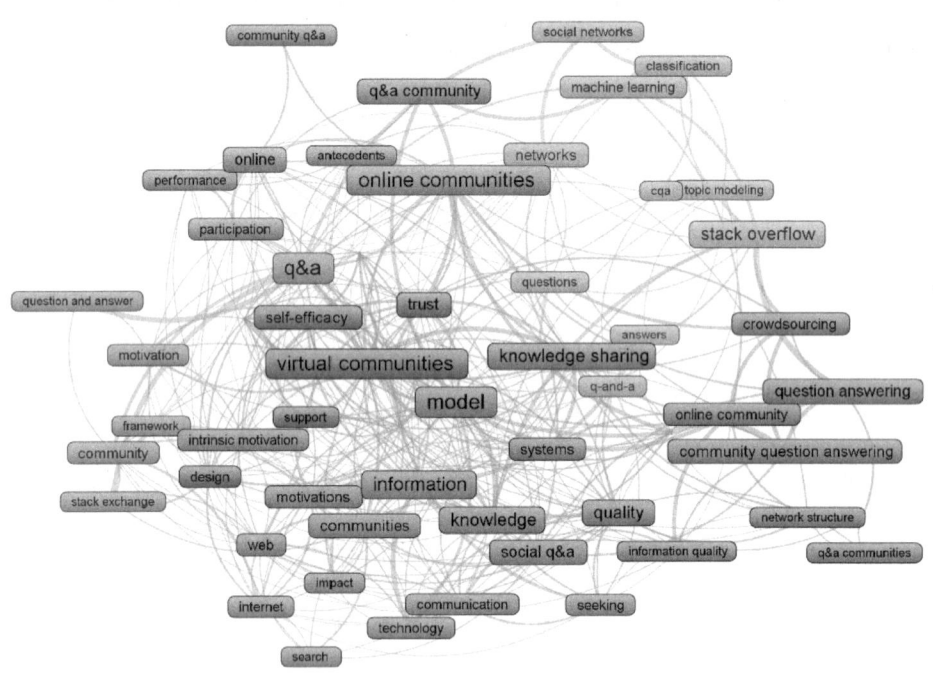

图 2.4 关键词共现分析

2.2 数字化知识平台的相关研究综述

2.2.1 数字化知识平台概述

依托互联网技术的发展，数据和信息的快速增长和传播得以实现。线上社交媒介或平台极大地促进了知识信息的扩散，也推进了网上用户的交流与互动，成为人们日常生活、工作与学习的重要工具。为了获取所需的信息，用户之前主要依靠搜索引擎来寻找特定信息。虽然搜索引擎的使用和发展可以满足用户的部分信息需求，但其在为用户提供搜索结果和内容结果方面仍存在不足。在这种情况下，数字化知识平台作为一种新兴的知识共享平台应运而生。数字化知识平台允许用户根据自己的需求和能力随时提出问题和解答别人的疑问（沈波、赖园园，2016；Liu and Jansen，2017；Sun et al.，2019）。正因为该平台上信息知识不断聚集，平台中包含的话题和知识越来越多，用户也越来越乐意于在其中获取和分享知识信息。而且，在这样的问答系统中存储着大量的问题和答案，用户可以将其作为数据库在其中进行检索。数字化知识平台不仅对于知识分享起到重要作用，还能够满足人们对于各类事物的好奇。

不同于普通的线上平台，数字化知识平台融合了问答模式与社会化功能两方面的特征（Gazan，2010；Liu and Jansen，2018）。问答模式是指通过提问—回复的方式，在平台中发布问题，其他用户可以予以回应，帮助解答（Shah et al.，2014；Lou et al.，2013）。另外，该平台引入社会化的功能，强调用户可以在线上关系网络中进行互动（金晓玲等，2013；Khansa et al.，2015；Fu and Oh，2019），如点赞、转发、留言与讨论。这种基于社交网络的在线问答系统，能够邀请最有能力以专业知识和擅长技能来回答问题的成员来解决用户的提问。在平台中，回答问题和分享经验知识的成员被视为内容创造者，相应地，占平台成员比重较大的内容搜索者即为用户。内容创造者的工作从最初的免费分享到现在提供付费知识产品和服务，已经逐渐把知识内容产业化、商业化。数字化知识平台中用户既可以进行免费问答互动、交流信息，也可以付费从内容创造者处获取知识和课程等。现有关于数字化知识平台的研究涵盖了美国的 Stack Overflow（Neshati，2017；Fu and Oh，2019）和 Research Gate Q&A（Jeng et al.，2017）平台，以及中国的百度知道（Lou et al.，2013）和知乎平台（Sun et al.，2019；Zhang et al.，2019）。本研究选取中国的知乎平台作为目标研究对象，收集知乎用户的相关数据，从而刻画知乎平台的特征并探究知乎用户的行为动机。

随着数字化知识平台逐渐被大众接受和认可，学者开始关注数字化知识平台中的研究问题。现有的相关文献针对平台中信息或知识内容（问题和答案）的类型和特征进行了大量研究。学者主要关注数字化知识平台中问题的类型或者答案的特征，如内容质量（Neshati，2017）、问题的信息量和吸引度（Liu and Jansen，2018）以及答案质量（Fu and Oh，2019）。Kim 和 Oh

(2009)及 Fu 和 Oh（2019）分析并列举出一些评估答案质量和选择最佳答案的标准，如准确度、完整性、清晰度、回复速度、答案可行性等。还有学者发现，问题的类型也会对答案质量和回复速度存在显著不同的影响（Chua and Banerjee, 2013）。为了识别出高质量的问题及相应的答案，Neshati (2017)提出了一个统一的分类框架，用于管理数字化知识平台中的问答内容。Liu 和 Jansen（2018）通过分析一个数字化知识平台中超过 60 万次讨论的问题发现，如果提问时使用独特的词语和表达感谢的表情包会更有可能收到回复。

2.2.2 数字化知识平台中的成员分类

数字化知识平台中的知识往往由一部分用户主动贡献，而这部分人群占比不高，大多数用户仅潜伏在平台中，占平台参与者总数的 90%（Nonnecke et al., 2006）。类似地，Shah 等（2014）在一项问卷调研中也发现，Yahoo! Answers 中仅 43% 的成员提过问题，57% 的成员从未提过问题。显然，数字化知识平台中的用户行为表现并非完全一致。角色代表用户在社会系统中的某一特定位置或者某一特定身份（Rizzo et al., 1970），而用户的多种行为反映了不同的用户角色。王哲和张鹏翼（2018）从知识协作视角，将在线知识平台中的用户角色分为沟通连接型用户、实质内容提供型用户、精英型用户、管理维护型用户和边缘用户五种类型。赵欣等（2017）识别出虚拟知识平台中存在知识贡献者和知识搜寻者两种类型。龚凯乐和成颖（2016）通过构建"问题—用户"传播网络并运用答题质量改进加权算法方式，来甄别知识问答平台中的专家答主。张颖和朱庆华（2018）认为付费知识问答平台中的答主有两种角色类型，分别为网络平台意见领袖（具有影响力和关注度且具备专业技能的用户）和知识提供者。国外学者也探究了在线知识平台中不同的用户角色类型，如提问者、回答者、潜水者、讨论者及专家（Liu and Jansen, 2018; Deng et al., 2020; Neshati, 2017）。

关于与数字化知识平台内容相关的行为，Shao（2009）从三个维度来区分平台成员行为：消费、参与和创造。用户个体和数字化知识平台的关系是从内容搜索开始的（Nonnecke et al., 2006; Kefi and Maar, 2020）。除对免费内容的查询外，部分用户付费购买所需知识（Zhao et al., 2018a）。此外，一些人群通过互动讨论和发布消息参与平台活动（Yang et al., 2017）。最后，只有极少部分群体会在线上平台中创造并生成内容（赵欣等，2017）。基于用户的行为表现和现有研究基础，用户角色包括以下四类：

第一，潜水接收者。潜水接收者是指潜水获取免费内容的用户，他们的行为一般表现为搜索知识和浏览信息。学者们从感知价值理论和社会交换理论视角出发，发现信息有用性、知识可追踪性、知识内容需求、享乐知识需求会正向影响潜水接收者的行为（Phang et al., 2009；Nonnecke et al., 2006；Kefi and Maar, 2020）。

第二，积极呼应者。积极呼应者是指活跃地加入平台中的互动交流的用户，如提出知识需求、参与话题讨论、点赞、转发分享、与平台其他用户对话沟通。已有研究基于自我决定理论和目标设定理论，揭示了积极呼应者的行为动因有利他主义、归属感、奖励机制以及会员等级制度（Xu and Li, 2015；Khansa et al., 2015）。

第三，主动付费者。主动付费者是指主动购买平台中的付费知识产品和服务（直播课程、有声读物、付费答疑等）的用户。学者们根据社会影响理论和群体信息觅食理论，分析了影响主动付费者的因素，包括同侪效应、社会认可、群体参与、知识质量（Kim et al., 2012；Zhao et al., 2018a；Shi et al., 2020）。

第四，内容创造者。内容创造者是指自愿分享知识、回应受众问题、提供专业知识的用户。学者们从自我确认理论、理性行为理论以及社会资本理论来理解内容贡献者的行为动机，发现动因涵盖自我价值感知、互惠关系、社会网络中心度、自我展示、身份确认、声誉激励、享受帮助他人（Bock et al., 2005；Wasko and Faraj, 2005；Ma and Agarwal, 2007；Lou et al., 2013；Zhao et al., 2016）。

为了使不同类型用户的行为更明晰，表2.1列出了数字化知识平台成员的行为活动。本研究根据数字化知识平台中的成员的不同行为活动，对他们进行划分。以知乎为例，其中不发布任何消息、只搜索阅读的用户为潜水用户（潜水接收者），发布问题或讨论相关信息的用户为活跃用户（积极呼应者和主动付费者）。而第四类成员——内容创造者，通过回答用户的问题并贡献自己的专业知识,在平台中扮演着回答者和专家的角色。本书将主要探讨活跃用户和潜水用户之间的差异。

表 2.1 数字化知识平台的成员分类

行为活动	平台成员			
	潜水接收者	积极呼应者	主动付费者	内容创造者
内容浏览 ● 搜索信息 ● 浏览问答和讨论内容	√	√	√	√
内容参与 ● 提出问题 ● 参与话题讨论		√	√	√
内容付费 ● 付费购买知识产品或知识服务			√	
内容创造 ● 回复答案 ● 主动提供专业知识				√

比较活跃用户和潜水用户差异的早期研究,侧重于比较他们的行为动机差异(Nonnecke et al., 2006; Hung et al., 2015; Kefi and Maar, 2020)。例如,Nonnecke 等(2006)发现,活跃用户和潜水用户加入线上平台的原因不同。活跃用户比较享受平台体验,而且热衷于平台中的会员身份,而潜水用户与之相反。Hung 等(2015)发现,享受帮助他人会促进活跃用户的知识分享倾向,然而互惠性和易用性会提高潜水用户的知识分享倾向。此外,Kefi 和 Maar(2020)发现,享乐性和知识性内容对活跃用户和潜水用户的平台参与行为都很重要。现有研究中只有少数文献探索了不同用户在情感反应上的动机差异。例如,在关于情感认同的研究(Mousavi et al., 2017; Yang et al., 2017)中,学者们比较了用户类型(活跃用户与潜水用户)在用户动机和情

感认同之间的调节作用。Mousavi 等（2017）发现，潜水用户和活跃用户都有可能对平台产生归属感，甚至潜水用户比活跃用户的平台归属感更强烈。到目前为止的比较研究主要涉及的情境有在线品牌平台（Kefi and Maar, 2020; Mousavi et al., 2017）、虚拟专业平台（Hung et al., 2015）和在线论坛（Marett and Joshi, 2009）。关于数字化知识平台，现尚缺乏比较用户在建立用户依恋上的差异等方面的研究。因此，有必要填补这一研究空白，并探讨不同用户类型（活跃用户与潜水用户）在其动因和情感依恋关系中的调节作用。

2.2.3 数字化知识平台中的用户依恋

依恋（attachment）指的是一种充满情感的且针对特定目标的纽带，它将个人与特定目标联系在一起（Bowlby, 1979）。用户依恋表示用户与对象之间的密切关系（Wong et al., 2019）。具体的对象目标不仅可以是一个人，比如一个成年人或一个领导者（Collins and Read, 1990; Davidovitz et al., 2007），也可以是一个集团、一个品牌机构甚至一个地方（Ren et al., 2012; Grisaffe and Nguyen, 2011; Altman and Low, 2012）。用户参与数字化知识平台是受到对平台的积极正向态度驱动的（Oh, 2012; Yang et al., 2017）。这种情感态度可以被视为"从社会行为角度评价目标的捷径"（Aghakhani et al., 2018），用于反映平台参与和保留行为（Ren et al., 2012）。为了探究数字化知识平台中的用户情感纽带，本研究探索了两个维度的用户依恋，具体讨论如下。

数字化知识平台中用户依恋的一个维度是对数字化知识平台的依恋。早期的环境行为研究将人与环境的关系概念化为地点依恋，即人对某个地点的情感纽带（Altman and Low, 2012）。随着信息技术的发展，对线上地点的依恋逐渐引起研究者和管理者的注意（Ren et al., 2007; Ren et al., 2012; Wan et al., 2017）。数字化知识平台作为一个在线平台，用户参与平台后逐渐形成对平台的依恋。这种类型的用户情感纽带是用户对数字化知识平台的依恋。另一个维度是用户对内容创造者的依恋。在数字化知识平台中，用户发布问题并从内容创造者处获得答复。内容创造者往往被视为学者或专家（Jeng et al., 2017; Neshati et al., 2017）。用户依靠内容创造者回复和共享的知识来获得所需的准确信息。这种对特定目标人群的依附可以看作一种情感依恋，即对内容创造者的依恋。然而，无论是关于对平台依恋还是对内容创造者依恋的研究都还远远不足。第3章着重区分了不同用户与数字化知识平台本身和与内容创造者互动中的情感纽带，这对应着两个维度的用户依恋，即对数字化知识平台的依恋和对内容创造者的依恋。

2.2.4 数字化知识平台用户的积极参与行为

数字化知识平台中的行为主要可以分成与知识内容相关的行为和与付费产品或服务相关的行为。从平台中知识内容的角度看，用户通常会搜索知识（Oh et al., 2008）、进行提问或回复问题（郭博等，2018；Liu and Jansen, 2018）、分享知识（刘征驰等，2015；Zhao et al., 2016；唐晓波、李新星，2018）、交换信息（Jeng et al., 2017）。在知识参与上，用户的行为主要受到信息需求（Yoon and Chung, 2011）、信息有用性（Sun et al., 2019）、奖励机制及会员等级制度（Khansa et al., 2015）等驱动。在知识贡献上，Lou 等（2013）发现，声誉机制的奖励能够激励用户贡献高质且多量的知识内容。此外，Oh（2012）分析了用户在平台中分享个人经历和知识的动机，并发现利他主义是个强有力的动因。Zhao 等（2016）的研究表明，用户享受帮助他人和知识自我效能也会驱使用户在平台中分享知识。在大量信息聚集的平台环境下，Sun 等（2019）认为，用户的信息处理过程和信息采纳倾向可能会受到信息类别的影响。他们的研究表明，相较于面对搜索信息，用户感知到的信息有用性对信息采纳倾向的作用在面对经验信息时会更强。因为数字化知识平台具有交互功能，所以感知交互性与平台归属感会提高用户对平台的满意度，进而使得用户继续使用该平台或推荐其他人使用（宋慧玲等，2019）。Chen 等（2019）还考察了平台的投票和评论功能，发现用户收到赞成票和评论更会激发他们在线持续贡献知识。

2.2.5 数字化知识平台用户的知识付费行为

目前，数字化知识平台中出现了知识付费产品，知识提供者对数字化知识进行商业化并从中获利（张颖和朱庆华，2018；邢小强和周平录，2019；Zhang et al., 2019）。知识付费产品大致可分为四种：①"直播"课程，即通过视频进行在线教学授课等传递知识，如荔枝微课、知乎live产品、千聊等

（蔡舜等，2019）；②付费咨询，以语音问答形式与用户进行对话交流并解答问题，如分答、值乎、悟空问答等（邢小强和周平录，2019）；③播客或有声读书，即以音频形式向付费听众提供其感兴趣的内容（严建援等，2019），如三联中读、樊登读书等；④热点资讯或精品专题内容，即通过图片或文字将知识内容和热门话题整合后向用户推送，如36氪资讯、知识星球等（卢恒等，2021）。知识付费的本质是将知识转化为产品与服务，实现知识的商业价值（邢小强和周平录，2019；齐托托等，2020）。借助互联网技术支持的数字化平台，将有价值的知识数字化后传播并销售，是一种全新的知识生产与交易模式（张颖和朱庆华，2018）。知识提供者利用在线平台将个人知识或技能转化为数字化知识商品，而用户则以付费的方式交换知识。

国内外学者主要从知识产品和平台用户两方面，对用户知识付费行为机理展开研究。一方面，基于付费知识产品视角，已有研究发现产品质量、产品评论量、价格、产品点赞量等因素显著影响用户的知识付费行为。例如，卢恒等（2021）运用元分析方法进行归纳，发现内容质量和可靠性显著正向影响用户的付费意愿，而感知成本起显著负向作用。Lee 等（2015）和 Dewan 等（2017）发现，产品点赞量、平台收藏量以及朋友喜爱度显著影响用户的知识付费行为。蔡舜等（2019）发现，价格和评论数量显著影响用户对知乎Live产品的消费。张颖和朱庆华（2018）则发现，知识提供者的专业性、知名度以及服务质量会影响用户的付费提问行为。另一方面，从用户的角度切入，张帅等（2017）总结了个体需求、信息质量、个体认知、主观规范、便利条件、经济因素等6类影响用户知识付费的因素后发现，其中个体需求是最重要的因素，即用户购买知识产品主要是为完成某项具体任务和获取专业知识，相对不重要的是经济因素。常亚平等（2011）发现，平台中知识提供者的专业能力与知识寻找者的主动性会影响用户的付费行为。Zhao 等（2020）的研究表明，用户的自我提升和娱乐享受动机会激励他们进行付费，从而获取相应的信息和知识。Zhao 等（2018b）通过抓取国内数字化知识平台（知乎）的数据发现，知识提供者的声誉会显著影响平台用户的知识付费行为。

2.3 理论基础

2.3.1 媒介依赖理论

媒介依赖理论（media system dependency，MSD）可以用来解释个体的目标实现与获取媒介资源之间的关系（Ball-Rokeach，1985）。也就是说，媒介系统能够为个体提供足够的信息和资源来帮助他们实现自己的目的。在之前的研究中，媒介依赖理论主要用于分析传统线下媒介，如电视（Grant et al.，1991）、报纸（Loges and Ball-Rokeach，1993）和广播（Loges，1994）。随着信息技术的发展，近来研究将媒介依赖理论应用于电商（Patwardhan and Yang，2003）、手机技术（Stafford et al.，2010）和社交媒介服务（Chiu and Huang，2015）等情境中。然而，迄今为止尚未有研究将媒介依赖理论推广到数字化知识平台中。虽然媒介依赖理论关注"为什么我要通过这个媒介来实现目标"（Grant et al.，1991：780），但还没有学者关注这样的行为动机会产生什么样的情绪反应。

根据 Defleur 和 Ball-Rokeach（1989）的研究，媒介依赖关系包含三个方面的目标：理解（understanding）、方向（orientation）、娱乐（play）。理解型依赖关系（understanding dependency relations）关注个人对自身和周围环境的理解需求；方向型依赖关系（orientation dependency relations）是指个人为了在决策和人际交往时表现得体的需求；娱乐型依赖关系（play dependency relations）意指个人在媒介中的享乐需求，例如享受和逃避现实（Ball-Rokeach et al.，1984）。数字化知识平台提供了大量关于新闻和行为决策建议等信息，可以满足用户的理解需求和解决问题需求。在这样的背景下，原先的理解型依赖关系和方向型依赖关系的定义是适用于本书的研究情境的。

而关于娱乐型依赖关系，已有的研究对其在不同情境下有不同的定义和划分。在传统大众媒体情境中，Defleur 和 Ball-Rokeach（1989）将娱乐型依赖关系分为个体娱乐和社会化娱乐，分别指个体独自享乐和与他人一起享乐两个维度。Stafford 等（2010）将娱乐型依赖关系视为用户依赖信息技术时的乐趣和消遣。Chiu 和 Huang（2015）将用户在社交媒介服务中的娱乐型依赖关系视为从媒介中逃避现实、娱乐和获得快乐的需求。另外，Chiu 等（2015）将个体娱乐和社会化娱乐合并去刻画用户在线上平台中的享乐需求。考虑到数字化知识平台中的背景，用户在这样的平台中的行为动机有新奇事物（Kim and Oh，2009）和社会逃避（Choi et al.，2014）。数字化知识平台能够让用户在线上平台中远离现实压力，也能给用户提供有趣新颖的信息，激发用户的好奇心。因此在本研究中，娱乐型依赖关系被定义为用户的好奇心和逃避现实需求。

近来与数字化知识平台相关的研究表明，个体依赖平台是因为信息需求（Gazan，2010）、学习（Oh，2012）和新奇事物（Kim and Oh，2009）。概括来说，人们使用数字化知识平台是因为他们想要了解和认识周围环境（理解型依赖关系）、获取解决问题的建议和方案（方向型依赖关系）以及激发对新奇事物的好奇心（娱乐型依赖关系）。通过分析这三个方面的依赖关系，本研究能够探究用户的动机并比较活跃用户和潜水用户之间的动机差异。表 2.2 详细说明了媒介依赖关系在数字化知识平台语境中的例子。

表 2.2 数字化知识平台中个人媒介依赖关系的实例

媒介依赖关系		实例
理解型依赖关系（understanding dependency relations）	自我理解（self-understanding）	在数字化知识平台中，个人可以通过阅读发布的帖子或他人交流获得关于了解自己的见解，从而更了解自己的性格和兴趣。例如，了解自己的特性和偏好
	社会理解（social understanding）	个人可以在数字化知识平台中搜索信息、浏览评论内容等来获取时事新闻方面的信息。例如，了解近期新闻
方向型依赖关系（orientation dependency relations）	行为导向（action orientation）	个人可以得到关于问题的解决方法。通过在平台中提问或搜索相关文章，个人能够弄清楚如何解决日常事务。例如，学习如何合理地装饰卧室
	互动导向（interaction orientation）	个人可以获得如何与他人对话的建议。通过在数字化知识平台中与他人进行话题互动或学习交流技巧，可以了解如何改进自己的人际互动。例如，知道如何开始与他人交谈

续表

媒介依赖关系		实例
娱乐型依赖关系（play dependency relations）	好奇心（curiosity）	通过数字化知识平台，个人能够寻找新奇的事物或浏览关于未知领域的讨论来激发好奇心。例如，知道如何识别昆虫
	逃避现实（escapism）	个人可以通过浏览平台中的问答和讨论信息来逃避现实压力。例如，通过在线阅读内容缓解压力

运用媒介依赖理论可以多维度、全面综合地考量用户的动机，同时也可以指导探究用户动机的不同维度，从而更好地理解数字化知识平台中用户的动因。

2.3.2 情绪线索理论

人类的推理和理性决策不仅来自认知逻辑，还需要情绪或情感的支持（Damasio，2002）。根据情绪线索理论（affect-as-information theory）（Schwarz and Clore，1996），情绪可以作为一种独特的信息来源，以一种知情的、审慎的方式作为评价依据。当人们经历积极或消极的情绪时，他们会含蓄地问自己："我对这种情况感觉如何？"（Frijda，1986；Schwarz and Clore，1983）。我们可以通过情绪的效价和强度来推断他们对目标对象的反应方向和强度（Argyriou and Melewar，2011）。根据情绪线索理论，主观情绪感知要么是由对目标对象的整体感知产生的，要么是由先前已有的经验导致的（Pham et al.，2001）。有充分证据表明，情绪会影响人们的信息处理过程，而情绪也会受到对环境状况判断的影响（Schwarz and Clore，1996；Albarracin and Wyer，2001）。Carver（2003）认为，情绪线索理论可以用来理解个人情绪与行为之间的关系，并提出人们的自我调节行为是受到人们比较自己感受和当下处境是否相符时的情绪所影响的。Eroglu 等（2003）利用情绪线索理论来理解网站氛围对用户情绪直至对用户访问网站的影响。由此可见，情绪的积极或消极来自对周围环境的感知和判断。因此，基于情绪线索理论，可以探究"环境因素—情绪—行为"的关系。

正如 Bowlby（1979）指出的那样，用户依恋代表着针对特定目标的充满情感的纽带，是一种积极正向的情感态度。通过用户依恋，能够探究用户对数字化知识平台的感知中产生的情绪。具体地，在数字化知识平台中，用户的情绪表现为对数字化知识平台的依恋和对内容创造者的依恋。对于用户而言，他们判断数字化知识平台的价值主要从其内容质量和集体效能两个方面进行。一方面，数字化知识平台本身是一个内容生产共享平台，其内容质量是用户衡量平台环境如何的首要因素。内容质量指的是平台中信息知识的完整度、准确性、版式清晰度和现代化程度（Wixom and Todd，2005），反映着平台中内容是否有较高的价值。另一方面，数字化知识平台作为一个线上平台，吸引着许多成员聚集在其中。用户在平台里与其他成员互相交流讨论，在提问—回答的互动中提供大量的知识信息。集体效能指的是对数字化知识平台中成员的能力判断，关乎他们是否能为其他知识消费者提供优质的信息，以及是否能与其他用户互动讨论，代表着平台中成员的能力水平（Bandura，1986；Smith et al.，2007）。根据情绪线索理论，本研究探究这两个表现数字化知识平台特征的变量是否会推动用户依恋的构建。

2.3.3 自我扩张理论

自我扩张理论（self expansion theory）假设，人们喜欢将他们感觉"一体"的实体（例如朋友、品牌）纳入他们的自我概念，并且随着自我和实体之间依附关系的发展，他们倾向于将实体的资源视为自己的（Aron et al.，2004）。对于一个实体的个人自我定义部分越多，与实体的情感纽带就越紧密。自我扩张理论建立在解释个体内在动机的理论基础上，认为这种内在动机影响人与人或人与物之间亲密关系中的认知、情感和行为（Aron and Aron，1986；Aron and McLaughlin-Volpe，2001）。这个理论关注个人通过获得身份、资源和观点来扩张自我的动机，最终帮助个人在一系列扩张过程中实现目标（Aron et al.，2001；Aron et al.，2005）。自我扩张理论已经应用于各种有关人与物之间关系的学科领域，如品牌营销、政治学和社会心理学（Park et al.，2010；Reimann and Aron，2009；Carroll and Ahuvia，2006）。

在消费者行为文献中，情感依恋与消费者的自我概念有着内在的联系（Kleine et al.，1993）。根据自我扩张理论，用户的情感依恋具有强烈的动机和行为影响，由于一个人对另一个人或物有很深的依恋，他或她会更愿意对这个目标进行投资，以维持或加强与这个目标的关系（Feeney and Noller, 1996；Chen and Hung, 2011）。在现存的文献中，许多研究者对情感品牌依恋进行了研究。例如，与一个品牌的联系可以被视为与品牌关系的长期结果，它可以强烈地预测过去购买的频率和未来购买的可能性（Fedorikhin et al., 2008；Grisaffe and Nguyen, 2011；Park et al., 2010；Thomson et al., 2005）。如果一个用户依赖于一个产品、一个人或一个物体，他或她将更有可能做出与之有关的行为，如投入更多的资源（如时间，精力）来回答其他用户的问题或提供建议，开发用户驱动的营销活动（Choi, 2013）。

数字化知识平台中的用户大多属于沉默的知识消费者，只搜索阅读知识信息，如何刺激用户积极参与平台活动成了管理者的一大平台运营难题。为了探究用户积极参与的行为动机，本研究从自我扩张理论的视角探究用户依恋的构建对自我扩张的结果——积极参与行为的影响。基于自我扩张理论，依恋具有强烈的动机和行为暗示，如果一个人深深地依恋一个人或一个物体，那么其将更愿意维持并加强与之的关系（Aron et al., 2004；Park et al., 2010）。在数字化知识平台中，用户对平台的依恋和对内容创造者的依恋分别代表着用户在平台中与物（平台）和与人（内容创造者）的关系。这两类用户依恋可以准确地刻画用户在平台中存在的关系链。自我扩张理论能够解释用户为了维系与平台及内容创造者的关系而产生的积极参与行为。

2.3.4 信息觅食理论

信息觅食理论（information foraging theory，IFT）可用来描述信息寻觅者与信息提供者之间的适应性关系，解释个人在给定环境下的搜索信息过程（Pirolli and Card, 1999；Pirolli, 2007）。用户期望最大化获取有用信息的概率并最小化搜索和理解信息的成本（Pirolli and Card, 1999）。近来，IFT已经被应用于多种信息搜寻情境下，如手机网络（Adipat et al., 2011）、线上医疗信息（Nan et al., 2014）和产品搜索网站（Li et al., 2017）。根据IFT，用户对信息的判断依赖于提供信息的情境（Pirolli and Card, 1999；Pirolli, 2007）。数字化知识平台作为一个提供大量信息的线上平台，可供用户搜索信息和知识。为了理解用户信息搜索和评判过程，本研究认为IFT可以应用于此情境下并为探究用户的知识付费行为决策提供深刻的见解。

在觅食行为中，捕食者寻找食物时会观察信息踪迹（information scent）。Pirolli 和 Card（1999）将信息踪迹这个概念应用于线上环境下个人的信息搜寻过程，并说明信息踪迹属于帮助寻觅者评估的近端的、不够完美的情报类线索。信息踪迹指的是在特定环境下，帮助信息寻觅者确定某事物具有潜在价值的具体信息（Pirolli, 2003; Pirolli and Card, 1999; McCart et al., 2013）。当用户寻找需要的知识时，他们可能会依靠一些特定线索判断知识的价值，如内容的文字或视觉表现形式、关键词和网站特征（Li et al., 2017）。McCart 等（2013）将信息踪迹视为所得与内容相关的文本或图像中的线索。为了吸引和留住更多的用户，网站管理者试图最大限度地利用信息线索，如一些视觉的、音频的和语义上的线索（Moody and Galletta, 2015）。在数字化知识平台中，信息寻觅者花费时间和精力处理大量的信息线索来判断平台中知识信息和知识产品（如直播课程）的价值。为了度量直播课程的价值，用户可以依靠数字化知识平台中的诱因线索，如内容质量、内容创造者的可信度及课程参与人数。

将 IFT 拓展至社会情境，学者们发展了群体信息觅食理论（social information foraging theory，简称"SIF 理论"）。SIF 理论传达的观点是，搜索信息的行为可能不仅是个人行为，也可能是一个群体小组的行为（Pirolli, 2009）。该理论认为，与个人相比，群体能够更高效、更完整地发现知识和信息（Giraldeau and Caraco, 2000; Pirolli, 2009）。由于个体处理信息的能力有限，其经常向身边人寻求帮助（Simon, 1955）。特别地，SIF 理论提出个体有各自对信息的观点和敏感度，因此，个体是不可能理解所有信息的。当个体们聚集在一起后，他人的经验和理解力能够作为提示来表明一个产品或信息的价值。例如，Cui 等（2012）发现其他用户关于产品的评论是反映产品质量的强有力信号。

SIF 理论指出，平台中一群有经验的个体可以有效地进行社会寻觅（Pirolli, 2009; Yi et al., 2017）。已有学者观察到线上用户通常通过社会认可度来判断原始资料的质量（McCracken, 1989）。在他人感知某物有用时，人们也倾向于认为其质量高。根据这些观点，社会认可度可以作为社会寻觅机制中的重要因素。Lim（2013）将社会认可（social endorsement）定义为同事或朋友的接受行为。在数字化知识平台中，观察他人对付费知识产品（直播课程）的接受认可行为可能会影响用户知识付费的意向。社会认可是传递信息的有效方式（Li et al., 2019），这对用户而言可以作为一个环境线索。当他人付费参与线上直播课程并认可这样的付费产品时，用户个体也可能会受到他人的影响并倾向于付费获取课程中的知识。鉴于当下尚缺少关于数字化知识平台中用户付费行为的研究，第 5 章将在 IFT 和 SIF 理论的基础上建立理论模型来解释用户如何处理信息来判断知识产品价值及做出行为决策。

2.3.5 启发系统式模型

启发系统式模型（heuristic-systematic model，HSM）可用于理解用户形成判断时不同的信息处理方式（Trumbo，2002）。这个模型是从双重加工理论（dual-process theory）（Evans，2008）衍生出来的，论证的是个体通常会参与寻求有效性的情境以了解情况并做出判断（Majchrzak and Jarvenpaa，2010）。HSM 假定个人使用需要不同认知努力程度的两种方式（启发式处理和系统式处理）来处理所得信息。前人研究将 HSM 应用于不同的寻求有效性情境，如目的地图像形成（Kim et al., 2017）、信息系统异常管理（Davis and Tuttle，2013）和组织间合作（Majchrzak and Jarvenpaa，2010）。

启发式处理描述了用户花费最少的认知努力来处理信息的过程（Eagly and Chaiken，1993）。根据最小努力原则，用户可能倾向于依靠启发式线索或非内容的线索，投入尽可能少的认知努力来得出结论。启发式线索一般与内容的来源相关（Chaiken，1980），即内容创造者。通常启发式线索具有可用性、可达性和适应性的特征（Chen and Chaiken，1999）。在数字化知识平台中，当用户能够在内容创造者所提供的内容里获得帮助时，说明内容创造者所提供的内容是值得信任和喜爱的（可用性）。并且，当用户做决定时，内容创造者的建议行之有效，说明用户是可以获得并采纳这些信息的（可达性）。只有在内容创造者之前已提供过相关有用的知识时，用户才有可能采纳他们接下来提供的信息（适应性）。在数字化知识平台中，内容创造者还会提供付费的知识产品（直播课程）。其直播课程的参与人数反映了该知识产品的流行度。用户很容易注意到直播课程的参与人数，这不仅能协助用户做出快速判断，也侧面反映了内容创造者所提供内容的受欢迎程度。由此，本研究将对内容创造者的可信度和喜爱度感知以及对参与人数的感知视为启发式线索。

系统式处理指的是用户考虑所有相关的信息，详细说明所有信息，基于这些说明形成判断的过程（Todorov et al.，2002）。系统式处理说明用户通过付出充足的认知努力来仔细查看信息并判断其有效性，然后做出判断（Chaiken，1980）。系统式线索常常为内容本身的线索。之前的研究大多将论证质量或内容质量作为系统式线索（Watts and Zhang，2008；Ferran and Watts，2008）。论证质量（argument quality）代表着有说服力的论据内容的合理性和强度（Eagly and Chaiken，1993）。在本书研究的数字化知识平台中，论证质量可被替换为平台中免费公开内容的质量，其代表着平台内容的完整度、准确性、现代化及版式清晰度（Setia et al.，2013）。

2.4 本章小结

本章主要阐述了全书的文献基础、相关概念以及理论背景。首先，基于文献计量方法分析了数字化知识平台有关领域在国际一流期刊上发表的研究，总结了数字化知识平台领域的研究现状和研究主题。其次，综述了数字化知识平台的相关研究，包括数字化知识平台概述、用户行为研究现状、平台中的成员分类、用户依恋等；对数字化知识平台的特征与功能进行了详细的说明；通过介绍研究背景及与背景相关的概念，总结当前的研究不足，为后续提出三个子研究做好铺垫。最后，综述了三个子研究中采用的相关理论基础，分别为媒介依赖理论、情绪线索理论、自我扩张理论、信息觅食理论、启发系统式模型。这些理论作为构建理论模型的基础，为解决研究问题提供了良好的理论依据和支撑。本章的文献综述不仅明确了相关研究的现状，更为本研究找到了理论切入点，接下来的三个子研究将分别从用户依恋、积极参与、付费行为三个方面的影响机理上进行阐述。

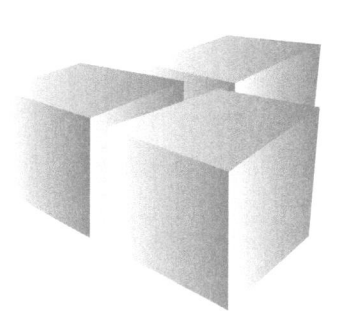

3 数字化知识平台中的用户依恋形成机理研究

3.1 引言

数字化知识平台中包含大量的话题和知识，逐渐成为流行热门的信息聚集中心（Zhao et al.，2016；Sun et al.，2019）。通过提问和回答的形式，成员可以在数字化知识平台中提出问答，提供答案和评论，与他人讨论互动（Liu and Jansen，2017）。学者已经探究过一些特别的数字化知识平台，如美国的 Answerbag（Gazan，2010）、Yahoo! Answers（Wu and Korfiatis，2013）、Quora（Jiang et al.，2018），以及中国的知乎（Jin et al.，2015；Sun et al.，2019；Shi et al.，2020）。数字化知识平台兼具了线上问答平台以解决问题为导向的特征和社交平台以互动为导向的特征（Gazan，2010；Liu and Jansen，2017）。一方面，以解决问题为导向的特征使得个体能够交换知识和处理难题，如百度知道（Lou et al.，2013）和 Google Answer（Shah et al.，2008）这样的平台。在这样的平台中，用户能够搜索并询问需要的信息。另一方面，以互动为导向的特征使得平台能够作为社交媒介来帮助用户建立与他人的社交关系，如新浪微博（Tang et al.，2018）和 Twitter（Ch'ng，2015）这类平台。用户在社交平台中能够聚集在一起并进行交流互动。

数据显示，Quora 2017 年的月活跃用户有 2 亿人，到 2018 年则有 3 亿人（Marketingland.com，2018）。iResearch 的数据显示，知乎在 2018 年已有超过 2 亿个注册用户，并且每日站内搜索请求量达 6 000 万次。这些数据说明越来越多的用户参与数字化知识平台。然而，研究发现平台运营成功的主要难点之一是如何留住用户（Preece，2000；Ren et al.，2012）。Ren 等（2012）发现，新注册用户的活跃—衰退期只有 18 天。这对平台运营管理来说是一个重要障碍。关于线上平台的文献研究表明，用户的留存取决于用户依恋（Preece，2000）。因此，数字化知识平台也同样面临维护与留住用户的挑战性，以及增强用户依恋的必要性。

数字化知识平台通过信息提供者（内容创造者）回复问题来满足信息搜寻者（用户）的需求（Shah et al.，2014；Zhao et al.，2019）。一方面，内容创造者扮演着有影响力的领导者和信息提供者的角色，在平台中进行信息传播和信息讨论（Liu et al.，2019）。在数字化知识平台中，内容创造者是回答者、学者或专家这样的角色（Kim and Oh，2009；Jeng et al.，2017；Neshati et al.，2017）。另一方面，用户被视为平台中的信息消费者（Shao，2009；Liu et al.，2019）和信息搜寻者（Shah et al.，2014；Liu and Jansen，2017），他们搜索答案、知识以及讨论的内容。根据用户的信息发布行为，已有研究将线上平台中的用户分为活跃用户和潜水用户两类（Marett and Joshi，2009；Yang et al.，2017）。活跃用户（active users）是指近期发布过不止一条信息的用户，而潜水用户（lurkers）则为从来不发布信息的用户（Nonnecke et al.，2006；Marett and Joshi，2009；Yang et al.，2017）。关于在线平台的研究已经比较出活跃用户和潜水用户之间的差异（Nonnecke et al.，2006；Marett and Joshi，2009；Hung et al.，2015）。学者发现活跃用户更享受平台中的体验（Marett and Joshi，2009），也更愿意回报他人（Hung et al.，2015）。潜水用户会因为不满意平台体验而潜伏不发布信息（Nonnecke et al.，2006）。然而，很少有研究比较数字化知识平台中活跃用户和潜水用户在建立用户依恋时的差异。具体地说，数字化知识平台不仅提供了服务用户的平台，使得用户可以在平台中浏览信息，提出问题，与他人互动，还让内容创造者在平台上主动与用户分享、回应问题和发起讨论。考虑到数字化知识平台情境的特征，本研究比较了活跃用户和潜水用户在构建用户对数字化知识平台的依恋和对内容创造者的依恋方面的差异。

　　为了探究不同用户在依恋建立上的动机，本研究在媒介依赖理论（media system dependency，MSD）的基础上构建了研究模型。媒介依赖理论是指用户目标与媒介信息资源之间的关系（Ball-Rokeach，1985）。媒介依赖理论指出，用户对媒介的依赖关系来源于三个方面：理解（understanding），方向（Orientation），娱乐（play）（Ball-Rokeach et al.，1984）。在数字化知识平台中，理解型依赖关系（understanding dependency relations）主要涉及个体理解自己和周围环境的需要，方向型依赖关系（orientation dependency relations）主要涉及用户在决策和互动中行为得体的需求，娱乐型依赖关系（play dependency relations）则侧重于激发好奇心和逃避现实的需要。根据这三方面的媒介关系，媒介依赖理论可以扩展到数字化知识平台情境下以理解用户的依恋构建机制。此外，本研究从此理论的角度阐明活跃用户和潜水用户分别是如何在数字化知识平台中建立用户情感依恋的。

总之，本研究提出了以下几个研究问题：①哪些因素驱动了用户留在数字化知识平台中？②活跃用户和潜水用户在建立用户依恋上有什么区别？

针对这两个具体问题，本研究通过建立概念模型来探索数字化知识平台中用户依恋的形成前因。针对中国的知乎平台用户，本研究通过线上问卷收集了数字化知识平台用户的数据，对模型进行实证研究分析，有助于深化人们对于数字化知识平台中用户类型和用户情感依恋的理解。

3.2 研究模型及假设

本研究的目的是比较数字化知识平台中活跃用户和潜水用户在构建用户依恋上的差异。基于媒介依赖理论，本研究钻研了形成用户依恋的三方面依赖动机，从而设计了研究模型。研究模型如图3.1所示。

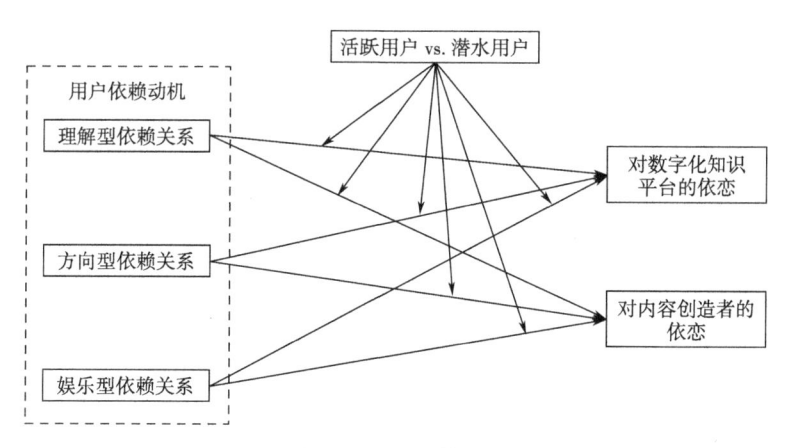

图 3.1 研究模型

3.2.1 理解型依赖关系

理解型依赖关系指的是个体对于理解自己和周围社会环境的需求（Ball-Rokeach，1985；DeFleur and Ball-Rokeach，1989），包含自我理解和社会理解。当面对一个媒介时，听众通常想要获取帮助他们认识自己和周围环境的信息。以往的研究发现，电视观众可以从电视节目中获取资源以了解自己和世界性的事件（Grant et al.，1991）。为了阐述用户与媒介之间的关系，本研究使用依恋来描述用户与特定对象之间的情感纽带（Bowlby，1979）。在本研究中，与知识相关的特定对象不仅包括数字化知识平台本身，还包括内容创造者，他们在信息传递中扮演着重要的角色。因此，用户依恋在本研究中分为对数字化知识平台的依恋和对内容创造者的依恋。

数字化知识平台作为一个信息集中平台，能够提供与自我特征相关的信息，以及关于日常事件或新闻的线上讨论内容。用户可以从数字化知识平台中获得关于自己和周围环境的知识。Kim 和 Jung（2017）指出，网络平台已经成为用户理解的重要参考。由此推断，用户依赖网络媒介来达到理解的目的。在网络媒介中感知这种价值会增加对线上媒介的情感依恋（Zhang et al.，2020）。Gefen 和 Ridings（2002）认为，从在线平台获得信息的用户会以某种方式给予回报，如停留在数字化知识平台等。在自我理解和社会理解目标的驱动下，本研究假设用户会对数字化知识平台产生依恋。因此，假设如下：

H_{1a}：理解型依赖关系会正向影响用户对数字化知识平台的依恋。

在数字化知识平台中，用户会通过搜索新闻来充实自己（Zhang and Zhao，2013）。新闻和文章由内容创造者提供，以帮助用户获得自我理解和社会理解。通过与平台成员的互动和讨论，用户可以与平台成员建立亲密的关系（Ren et al.，2007）。在某种程度上，内容创造者是平台成员的一部分，他们作为回答者和专家，在数字化知识平台中分享信息和贡献知识（Jeng et al.，2017；Neshati et al.，2017）。如果用户从内容创造者那里感知到对自我特征和社会环境的深刻洞察，他们就可能会对内容创造者产生情感依恋。因此，本研究假设：

H_{1b}：理解型依赖关系会正向影响用户对内容创造者的依恋。

在数字化知识平台中，用户的行为是不同的。根据用户的内容发布行为，本研究将他们区分为活跃用户和潜水用户。其中，至少发布过一次信息的用户为活跃用户（Marett and Joshi，2009；Yang et al.，2017），从不发布信息的用户为潜水用户（Nonnecke et al.，2006；Kefi and Maar，2020）。理解型依赖关系代表用户对社会环境和自身特征理解的需求（Ball-Rokeach，1985）。活跃用户需要理解事物，因而会更关心与在线平台的关系（Chen et al.，2014）。而潜水用户作为信息被动接受者，不会发布任何讨论或问任何他们想知道的问题。Chen 和 Sharma（2015）发现活跃用户在社交网站上花费大量时间来获取信息。也就是说，主动发帖行为与理解需求和长时间停留在平台的关系更为密切。为了满足理解的需要，活跃用户可能会比潜水用户对数字化知识平台产生更强的依恋。因此，本研究提出以下假设：

H_{1c}：理解型依赖关系在对用户对数字化知识平台的依恋的影响上，活跃用户强于潜水用户。

在数字化知识平台中，活跃用户可以直接向内容创造者提问，并就特定主题与内容创造者进行互动（Zhao et al., 2019）。潜水用户则只浏览问答讨论和搜索内容创造者提供的信息（Hung et al., 2015）。用户与平台中内容创造者的交流越频繁，用户与内容创造者之间的关系就会越牢固（McKenna et al., 2002）。与活跃用户相比，潜水用户被动接受并消费内容创造者提供的内容（Khan, 2017），如自我概念和新闻相关的信息。用户和内容创造者之间的互动和联系越少，关系就会越弱。考虑到理解的需要，本研究推测活跃用户较潜水用户会更依附于内容创造者。因此，提出以下假设：

H_{1d}：理解型依赖关系在对用户对内容创造者的依恋的影响上，活跃用户强于潜水用户。

3.2.2 方向型依赖关系

根据 DeFleur 和 Ball-Rokeach（1989）的研究，方向型依赖关系代表有效并适当的行为需求，包括行为导向和互动导向。行为导向意味着用户需要决定如何解决个人问题，互动导向主要涉及用户提高个体互动技能的需要（Ball-Rokeach, 1985; Chiu and Huang, 2015）。总体而言，方向型依赖关系是指通过媒介帮助个体在行为决策和提高人际交往能力方面获得指导（Loges, 1994）。

在组织层面上，研究人员假设感知到的组织支持与情感承诺有很强的相关性（Vandenberghe et al., 2004）。Rhoades 等（2001）宣称，感到被支持的个人会增加他们与组织间的情感纽带。类似地，在线平台属于一种虚拟组织（Faraj et al., 2011）。Chiu 等（2019）指出，用户能从在线平台中感知到信息的价值。通过在线平台，用户可以获得行为指导的信息，这样的信息支持促使用户形成对平台的依恋。此外，研究者发现，用户期望获取知识来解决问题的认知会积极影响其在数字化知识平台中的持续参与行为（Choi et al.,

2014；Fang and Zhang，2019；Zhao et al.，2019）。这种持续参与行为反映了用户对在线平台的依恋（Bateman et al.，2011）。因此，本研究提出假设如下：

H_{2a}：方向型依赖关系会正向影响用户对数字化知识平台的依恋。

在一个在线平台中，平台成员自愿参与讨论和分享知识（Wasko and Faraj，2005）。特别是在数字化知识平台中，内容创造者回答用户的问题并提供解决方案，满足用户解决问题的需求。Wan 等（2017）提出，当用户感知到他们从内容创造者那里获得了解决方案、指导意见和经验时，他们会跟随内容创造者，建立对内容创造者的情感依恋。学者发现用户依附于他人是因为他们认为自己可以从他人那里获得有用的信息，以满足自己解决问题的需求（Ren et al.，2012；Wan et al.，2017）。内容创造者可以满足用户的功能需求，提供有用的指导，最终激发用户追随内容创造者的意向（Tang et al.，2018）。用户会被内容创造者在数字化知识平台中的行为所吸引（Jin et al.，2015）。这些论据表明，当用户获得与行为相关的信息或知识时，他们与内容创造者之间是有情感联系的。因此，本研究提出假设：

H_{2b}：方向型依赖关系会正向影响用户对内容创造者的依恋。

与理解型依赖关系相比，方向型依赖关系描述的是个体对解决方案和指导意见的需求，而不是对新闻和自我概念的理解的需求（Ball-Rokeach，1985；Grant et al，1991；Loges，1994）。数字化知识平台为用户提供支持（资源和解决方案），以便使他们能够获得处理日常问题所需的建议，并学习更有效地与他人交互。活跃用户会发布问题和信息，但潜水用户只通过访问和搜索来参与在线平台。虽然潜水用户并不明显地参与平台，但当他们需要行为技能时，他们也会有一种对平台的归属感（Mousavi et al.，2017）。Lai 和 Chen（2014）发现，潜水用户更渴望留在网络平台接受知识，比如日常问题的解决方法和人际沟通技巧。同时，潜水用户对资源的可用性更加敏感（Hung et al.，2015）。为了满足解决问题的需要，潜水用户会建立比活跃用户更强的对数字化知识平台的依恋。因此，本研究提出以下假设：

H_{2c}：方向型依赖关系在对用户对数字化知识平台的依恋的影响上，潜水用户强于活跃用户。

在数字化知识平台中，用户会跟随作为信息提供者回应用户问题的内容创造者（Liu et al.，2019）。Zhao 等（2016）认为，活跃用户比潜水用户具有更高的知识自我效能感。由于活跃用户拥有处理问题的基本知识，他们可能不会依赖内容创造者来获取建议。Amichai-Hamburger 等（2016）指出，与潜水用户相比，活跃用户对自己完成任务或解决问题的能力有更多的信心。相反，潜水用户无法轻易地与内容创造者沟通。在这种情况下，潜水用户将更加依赖内容创造者来获得问题的解决方案和提高技能。因此，在方向型依赖关系的驱动下，潜水用户将与内容创造者形成比活跃用户更强的联系。因此，本研究提出以下假设：

H_{2d}：方向型依赖关系在对用户对内容创造者的依恋的影响上，潜水用户强于活跃用户。

3.2.3 娱乐型依赖关系

"娱乐"一词意指社交媒体中的享乐需求。本研究将数字化知识平台背景下的娱乐型依赖关系重新定义为好奇与逃避（Kim and Oh，2009；Choi et al.，2014）。从现有的研究来看，好奇是指"感官和认知好奇心的高度觉醒"需要（Agarwal and Karahanna，2000；Wakefield and Whitten，2006）；而逃避被定义为"离开"现实的欲望（Henning and Vorderer，2001；Verhagen et al.，2011）。媒介依赖理论表明，用户投入大量的媒介使用时间来满足他们的享乐需求（Chiu et al.，2015）。他们不仅依靠媒介来减轻压力和逃避现实，而且还把媒介作为一种娱乐形式来激发自己的好奇心。

当用户体验在线平台时，他们习惯于消磨时间（Verhagen et al.，2011）和搜索有趣的信息来激发自己的好奇心（Lowry et al.，2012）。之前的研究表明，激发用户的好奇心可以将用户留在网络平台中，如在线网站（Yang and Lin，2014）和在线游戏（Ghazali et al.，2019）。同时，用户渴望释放现实世界的紧张感并逃到网络环境中，这既满足了自己的娱乐需求，也会积极影响用户对虚拟平台的依恋（Chiu et al.，2015）。特别是在数字化知识平台中，用户关注的是有趣和轻松的内容（Kim and Oh，2009），这表明他们有激发好奇心和逃避现实的欲望。基于这些观点，本研究推测用户对数字化知识平台的依恋会在激发好奇心和逃避现实的需求中形成。因此，本研究提出以下假设：

H_{3a}：娱乐型依赖关系会正向影响用户对数字化知识平台的依恋。

从现有的研究来看，对新事物的好奇心和逃避现实的动机与强烈的情绪有关（Ballantyne et al.，2011）。这些强烈的情绪可能表现为渴望与他人发展关系（Molm，1997；Bowlby，1979）。当内容创造者在平台中更新信息时，用户倾向于从内容创造者那里寻找新奇有趣的信息。Sarkar 和 Sarkar（2019）认为，在特定类别的应用程序设计中，其享乐特性会激发用户对品牌的忠诚度，即表明与用户情感联系的结果。在数字化知识平台中，用户关注内容创造者提供的答案中的新奇想法和观点（Kim and Oh，2009）。因此，兴趣感和舒适感让用户感觉与内容创造者更有联系。由这些推理提出以下假设：

H_{3b}：娱乐型依赖关系会正向影响用户对内容创造者的依恋。

数字化知识平台中的用户可以激发好奇心，逃避现实，从而满足用户的娱乐需求（Chiu et al.，2015）。活跃用户因为平台体验激发了他们的好奇心，对数字化知识平台中的体验感到满意（Kang，2018）。Cabrera 和 Cabrera（2005）还发现，对于行为活跃的用户来说，好奇心对用户持续参与平台的兴趣的影响更大。此外，用户在网络平台上的主动积极行为有助于减少他们从现实世界感知到的压力（Chen et al.，2014），这也与对在线平台的依恋呈正相关（Yang and Lin，2014）。与活跃用户不同，Nonnecke 等（2006）发现潜水用户在线上平台中热情较低。换句话说，具有高娱乐型依赖关系的活跃用户比潜水用户更有可能参与平台。因此，本研究提出以下假设：

H_{3c}：娱乐型依赖关系在对用户对数字化知识平台的依恋的影响上，活跃用户强于潜水用户。

不同类型的用户会受到不同的动机所驱动（Nonnecke and Preece，2001；Nonnecke et al.，2006）。进一步地，不同的动机也会导致不同程度的情绪反应。Shao（2009）认为，积极参与行为意味着在互动关系中有更强的参与性，比如与内容创造者的互动。与潜水用户相比，活跃用户更倾向于沉浸在新奇的信息中，更有可能与内容创造者互动。受好奇心和逃避现实的驱使，活跃用户可能更倾向于依赖内容创造者，并与他们建立比潜水用户更牢固的关系。因此，本研究提出以下假设：

H_{3d}：娱乐型依赖关系在对用户对内容创造者的依恋的影响上，活跃用户强于潜水用户。

3.3 研究方法

3.3.1 测项建立

为了验证所提假设，本研究进行了一项问卷调查，将现有已验证的量表进行改编以适应本研究的背景。为确保调查问卷中的各测量的内容效度，所有题项均采纳自一流国际期刊上的研究文献。研究模型中的所有构念根据本研究的情境进行了改编和完善，以适用于探究本研究背景下的用户情感依恋。Carillo 等（2017）比较了媒介依赖关系的映射型构念和构成型构念的结果。他们发现，最好将依赖关系视为二阶构成性构念。因此，本研究也将理解型依赖关系、方向型依赖关系和娱乐型依赖关系作为二阶构成型构念来考察每个依赖构念的维度。这三方面用户媒介依赖关系包含的一阶映射型变量有：改编自 Chiu 和 Huang（2015）研究的自我理解、社会理解、行为导向和互动导向，采用了 Agarwal 和 Karahanna（2000）的好奇以及 Verhagen 等（2011）的逃避主义。关于对内容创造者的依恋和对数字化知识平台的依恋的题项改编自 Ren 等（2012）的研究。

表 3.1 给出了所有构念其相应的题项以及文献来源，这些题项采用了 7 分制的李克特量表进行度量（从 1="非常不同意"到 7="非常同意"）。

表 3.1 构念和题项

构念	测项	题项内容	来源
自我理解（SELF）	SELF1	使用知乎可以更深地认识自己的性格。	Chiu and Huang（2015）
	SELF2	使用知乎可以更了解自己的兴趣爱好。	
	SELF3	使用知乎能帮助我认识自己的能力。	
	SELF4	使用知乎能帮助我认识自己的价值观。	
社会理解（SOCI）	SOCI1	从知乎上获取的信息可以让我知道最近平台里发生的事。	Chiu and Huang（2015）
	SOCI2	从知乎上获取的信息可以让我了解国家在做什么。	
	SOCI3	从知乎上获取的信息可以让我不断更新对世界上事物的认知。	
	SOCI4	从知乎上获取的信息可以让我及时了解重大新闻事件。	

续表

构念	测项	题项内容	来源
行为导向（ACT）	ACT1	从知乎上获取的信息可以帮助我处理日常问题。	Chiu and Huang (2015)
	ACT2	从知乎上获取的信息能够帮助我计划各种活动。	
	ACT3	从知乎上可以获取信息，这些信息与我所需要解决的问题相关。	
	ACT4	从知乎上获取的信息能够帮助我了解如何应对危机。	
互动导向（INT）	INT1	使用知乎可以帮助我发现与他人交流更好的方式。	Chiu and Huang (2015)
	INT2	使用知乎可以帮助我思考如何与他人相处。	
	INT3	使用知乎可以帮助我在困境中或重要的时刻打开话题，与他人交流。	
	INT4	使用知乎可以帮助我在与他人开始交谈时找到一些有趣的话题。	
好奇心（CU）	CU1	浏览知乎的内容可以激发我的好奇心。	Agarwal and Karahanna (2000)
	CU2	与知乎用户的互动使我更有求知欲。	
	CU3	浏览知乎能激发我的想象力。	
逃避现实（ESP）	ESP1	在浏览知乎时，我感觉自己仿佛在另一个世界。	Verhagen et al. (2011)
	ESP2	在浏览知乎时，我可以远离其他一切琐事。	
	ESP3	在浏览知乎时，我会沉浸其中，忘记所有事情。	
对数字化知识平台的依恋（AD）	AD1	总的来说，我喜欢知乎。	Ren et al. (2012)
	AD2	我有意向继续使用知乎。	
	AD3	我会向我的朋友推荐知乎。	
	AD4	我觉得知乎很重要。	
	AD5	我觉得知乎很有用。	
对内容创造者的依恋（AC）	AC1	我很乐意和答主（回答问题、发布文章的人）成为朋友。	Ren et al. (2012)
	AC2	我很乐意与答主进一步互动交流。	
	AC3	我有兴趣更多地了解知乎上的答主。	

本研究把调查问卷分为三个部分，让回答者通过回忆过去的数字化知识

平台经验进行填写。为了确认调查对象是否为本研究需收集的目标平台用户，第一部分列出了几项筛选问题，比如"您是否使用过知乎平台？""您成为知乎平台用户多长时间了？""您使用知乎平台的频次如何？"。如果在第一个问题中，回答者选择"否"，表示从未使用过知乎平台，那么问卷立即结束；如果回答者选择"是"，则可以进行后两部分问卷的填写。第二部分的问卷内容主要测量本研究内容中的构念。第三部分统计与回答者相关的人口信息，如性别、年龄段、收入水平、受教育水平等。

3.3.2 数据收集

本研究通过对知乎用户进行问卷调查来收集实证数据。知乎平台作为一个数字化知识平台，是中国最受欢迎的在线平台之一，拥有超过 2 亿个注册会员。笔者通过多种在线渠道，如即时通信工具（如微信、QQ）和社交网站（如微博、海报栏），附上关于在线问卷的链接来邀请参与者填写问卷。为了确保回答者有真正的知乎使用经验，他们会被问及是否有知乎账号和知乎使用经验。此外，调查问卷要求回答者提供他们在知乎的用户名，以获取用户的实际行为数据。本次调查共收集了 262 份有效问卷。回答者的描述性统计概况见表 3.2。对于用户类型的分类，本研究采用了以往研究的定义（Marett and Joshi，2009；Yang et al.，2017），将发布过信息或提问过的用户视为活跃用户，将从未发布过信息的用户视为潜水用户。在 262 名回答者中，活跃用户（157 人）占 59.9%，潜水用户（105 人）占 40.1%。

表 3.2 回答者的描述性统计概况

描述性统计变量	类别	样本量（人）	百分比（%）
性别	男	136	51.9
	女	126	48.1
年龄	<18 岁	2	0.8
	18~24 岁	180	68.7
	25~34 岁	76	29.0
	35~44 岁	4	1.5
	≥45 岁	0	0

续表

描述性统计变量	类别	样本量（人）	百分比（%）
教育经历	初中及以下	0	0
	高中	11	4.2
	大学	133	50.8
	研究生及以上	118	45.0
用户类型	活跃用户	157	59.9
	潜水用户	105	40.1

3.4 数据分析及结果

3.4.1 数据分析工具

本研究采用结构方程模型（structural equation model，SEM）对研究模型进行了检验，主要采用 SPSS 和 SmartPLS 等分析方法。本研究选择基于方差的 PLS-SEM 而不是基于协方差的 SEM，主要有以下几个原因：首先，PLS-SEM 可用于探索性工作（Ringle et al.，2012），当重点放在理论发展上时，它可以很好地匹配研究模型（Chwelos et al.，2001）。本研究是探索性的，侧重于媒介依赖关系的理论发展，如娱乐型依赖关系的重新定义，而不是对现有理论的确认。其次，PLS 可以处理结构型构念的统计识别和收敛问题（Chin，1998；Petter et al.，2007；Ringle et al.，2012）。而本研究模型包含结构型构念（如理解型、方向型、娱乐型依赖关系），无法用协方差分析进行模型验证。最后，PLS 适用于估计因果模型，往往不适用于基于协方差的 SEM（Ringle et al.，2012）。

3.4.2 共同方法偏误

问卷调查方式收集的是自我汇报的单一来源数据，这可能会引起共同方法偏误，对研究结果的内部有效性造成潜在威胁。为了识别这一威胁，本研究根据相关研究（Podsakoff et al.，2003）采用了 Harman 单因素分析。结果没有显示出存在单一因素解释了所有项目的大部分方差，这表明没有严重的共同方法偏误。

3.4.3 测量模型

在度量测量模型中构念的信效度之前，本研究通过 LISREL 对模型拟合度进行检验，从而衡量测验的构念效度是否能够得到支持。模型拟合指数结果均高于建议结果，表明测量模型的模型拟合度比较好，其中模型拟合指数均在建议阈值内：χ^2/df = 879.70/377 = 2.333（≤3），RMSEA = 0.072（≤0.08），NNFI = 0.95（≥0.90），CFI = 0.97（≥0.90），SRMR = 0.060（≤0.10）。

在验证一阶构念的效度时，需要分析其聚合效度和区分效度。对于聚合效度，所有因子载荷都应该高于 0.7 的最小阈值（MacKenzie et al., 2011）。Nunnally 等（1967）认为，聚合效度还要求每个题项的克伦巴赫系数至少为 0.70。组合信度（composite reliability, CR）的值也应超过 0.7 的阈值（Fornell and Larcker, 1981）。为了检验聚合效度，平均析出方差（AVE）应该高于 0.5 的阈值（MacKenzie et al., 2011）。结果汇总在表 3.3 中，分析结果足以反映所有映射型一阶构念具有足够的聚合效度。

表 3.3 各构念的聚合效度分析结果

构念	测项	因子载荷	组合信度	克伦巴赫系数	平均析出方差
自我理解（SELF）	SELF1	0.838	0.866	0.875	0.728
	SELF2	0.842			
	SELF3	0.868			
	SELF4	0.866			
社会理解（SOCI）	SOCI1	0.700	0.914	0.797	0.620
	SOCI2	0.800			
	SOCI3	0.801			
	SOCI4	0.849			
行为导向（ACT）	ACT1	0.765	0.892	0.839	0.674
	ACT2	0.838			
	ACT3	0.858			
	ACT4	0.820			

续表

构念	测项	因子载荷	组合信度	克伦巴赫系数	平均析出方差
互动导向（INT）	INT1	0.876	0.919	0.883	0.740
	INT2	0.836			
	INT3	0.859			
	INT4	0.870			
好奇心（CU）	CU1	0.879	0.878	0.790	0.706
	CU2	0.863			
	CU3	0.774			
逃避现实（ESP）	ESP1	0.875	0.919	0.870	0.790
	ESP2	0.919			
	ESP3	0.872			
对数字化知识平台的依恋（AD）	AD1	0.839	0.917	0.887	0.689
	AD2	0.838			
	AD3	0.852			
	AD4	0.784			
	AD5	0.837			
对内容创造者的依恋（AC）	AC1	0.917	0.938	0.900	0.833
	AC2	0.924			
	AC3	0.898			

本研究对区分效度的检验采用两种方法：Fornell 和 Larcker 的检验方法（1981）、HTMT 比率（Heterotrait-Monotrait Ratio）（Henseler et al., 2015）。根据 Fornell 和 Larcker（1981），任何两个构念之间的相关性都应该低于平均析出方差的平方根。表 3.4 的结果显示，平均析出方差的平方根范围在 0.787 到 0.913 之间，并且超过了与其他构念对的相关关系。接着，本研究分析了构念相关的 Heterotrait-Monotrait 比率。由表 3.5 可知，HTMT 矩阵值均低于 0.85 的阈值（Henseler et al., 2015），证明了较强的区分效度。以上检验结果证实，该研究模型中一阶映射型构念具有充足的区分效度。

表 3.4 一阶构念的相关系数表

构念	AC	AS	ACT	CU	ESP	INT	SELF	SOCI
对内容创造者的依恋（AC）	**0.913**							
对数字化知识平台的依恋（AS）	0.550	**0.830**						
行为导向（ACT）	0.443	0.458	**0.821**					
好奇心（CU）	0.503	0.637	0.381	**0.840**				
逃避现实（ESP）	0.279	0.371	0.289	0.428	**0.889**			
互动导向（INT）	0.478	0.568	0.565	0.620	0.414	**0.861**		
自我理解（SELF）	0.524	0.563	0.568	0.561	0.412	0.724	**0.853**	
社会理解（SOCI）	0.527	0.496	0.527	0.506	0.379	0.561	0.620	**0.787**

注：对角线的粗体数字是该构念的平均析出方差的平方根值。

表 3.5 Heterotrait-Monotrait 比率

构念	AC	AD	ACT	CU	ESP	INT	SELF	SOCI
对内容创造者的依恋（AC）								
对数字化知识平台的依恋（AD）	0.618							
行为导向（ACT）	0.503	0.527						
好奇心（CU）	0.594	0.760	0.461					
逃避现实（ESP）	0.303	0.410	0.334	0.510				
互动导向（INT）	0.536	0.638	0.655	0.744	0.467			
自我理解（SELF）	0.588	0.637	0.661	0.675	0.464	0.824		
社会理解（SOCI）	0.612	0.565	0.633	0.617	0.433	0.666	0.730	

因担心可能存在高相关性，本研究还检查了容差（tolerance）和方差膨胀因子（variance inflation factor，VIF）来检验多重共线性。表 3.6 显示，与 3.3（Cenfetelli and Bassellier, 2009）或 10.0（Hair et al., 1998）的阈值相比，VIF 的最大值为 2.617，在可接受范围内，说明没有重大的多重共线性问题。总体而言，该测量模型具有良好的信度和效度。

表 3.6　容差和方差膨胀因子

	容差	VIF
行为导向（ACT）	0.604	1.655
好奇心（CU）	0.554	1.804
逃避现实（ESP）	0.758	1.319
互动导向（INT）	0.382	2.617
自我理解（SELF）	0.386	2.593
社会理解（SOCI）	0.534	1.873

根据相关文献（Chin and Gopal，1995；Petter et al.，2007），一阶和二阶因子之间需建模为二阶构成型模型，即二阶因子由一阶因子构成的关系。Edwards（2001）和 Chin 等（2003）指出，模型需要建立从低阶构念到高阶构念的路径，然后将第一步 PLS 分析中潜在变量的得分作为二阶构念的测度。在本研究中，通过这种方法可以检验所有二阶构成型变量（理解型依赖关系、方向型依赖关系、娱乐型依赖关系）。结果如图 3.2 所示，可以反映构成型二阶构念与一阶构念之间的关系。

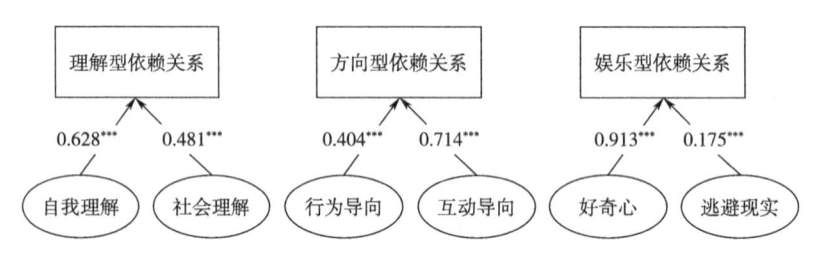

注：在PLS模型中对构成型模型和整体结构模型同时进行了分析。数值代表权重大小，*代表 $p<0.05$，** 代表 $p<0.01$，*** 代表 $p<0.001$。余同。

图 3.2　二阶构成型变量的 PLS 结果

3.4.4　结构模型

在确认所有构念的信效度后，本研究使用拔靴法对整个研究模型的构念间关系进行检验。首先，为了检验控制变量是否会影响结果，本研究考察了年龄、性别和教育对两个因变量（对数字化知识平台的依恋和对内容创造者的依恋）的影响。结果表明，控制变量对这两种类型的用户依恋没有显著影响。接着，分析了总共 262 个有效回复的结果（见图 3.3）。从图 3.3 可以看出，媒介依赖关系的三个方面对数字化知识平台的依恋有显著影响（假设 H_{1a}、H_{2a}、H_{3a} 得到支持）。理解型依赖关系和娱乐型依赖关系对内容创造者的依恋有正向影响（支持 H_{1b} 和 H_{3b} 假设）。与预期相反的是，方向型依赖关系与对内容创造者的依恋的相关性不显著（假设 H_{2b} 不支持）。

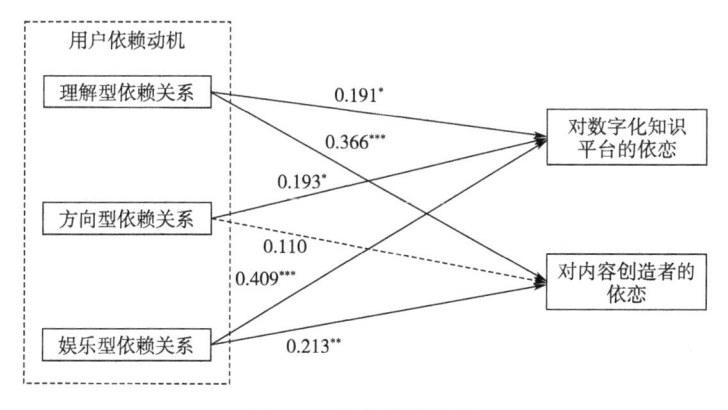

图 3.3 结构模型结果

为了比较不同用户类型的差异，本研究将 262 个回答分为两组：一组是活跃用户的反应（样本量为 157），另一组是潜水用户的反应（样本量为 105）。最初由 Henseler（2007）提出的 PLS 多组分析法（multi-group analysis，MGA）可用于进行组别比较。PLS-MGA 方法使用"拔靴法提供的经验累积分布函数"作为识别子组差异是否存在的基础（Henseler，2007）。这是一种评估群体差异的有效方法，可以提供对数据中异构群体更具体的结果（Matthews，2017）。此外，PLS-MGA 方法不估计群体差异或建立任何分布假设（Henseler，2007），具有较强的严格性和稳健性。因此，PLS-MGA 适用于本研究中计算组间差异的概率。

按照 Henseler（2012）和 Matthews（2017）的方法，路径系数和显著性水平列在表 3.7 的第三和第四列。从结果中可以发现，只有在理解型依赖关系对内容创造者的依恋的影响上，活跃用户比潜水用户更强（假设 H_{1d} 得到支持）。而其他组间比较结果均不显著（假设 H_{1c}、H_{2c}、H_{2d}、H_{3c}、H_{3d} 不支持）。

表 3.7 多组比较分析结果

研究假设	活跃用户	潜水用户	路径系数差异	多组比较结果
理解型依赖关系→对数字化知识平台的依恋	0.200* (0.098)	0.216* (0.110)	−0.016	0.462
理解型依赖关系→对内容创造者的依恋	0.474*** (0.105)	0.181+ (0.102)	0.293	0.031*
方向型依赖关系→对数字化知识平台的依恋	0.170+ (0.099)	0.298** (0.098)	−0.128	0.173
方向型依赖关系→对内容创造者的依恋	0.088 (0.117)	0.193* (0.102)	−0.105	0.253
娱乐型依赖关系→对数字化知识平台的依恋	0.402*** (0.081)	0.350*** (0.087)	0.052	0.319
娱乐型依赖关系→对内容创造者的依恋	0.152+ (0.090)	0.335*** (0.087)	−0.183	0.103

注：括号里的数字代表 T 值。+代表 $p<0.1$。

3.5 结果分析与研究意义

3.5.1 结果讨论

本研究运用媒介依赖理论研究用户依恋的形成，结论如下。

在用户依恋类型上，本研究发现用户在功能上对数字化知识平台和内容创造者产生依恋。正如预测的那样，三种依赖关系都对用户对数字化知识平台的依恋有显著的影响。例如，数字化知识平台允许用户花时间搜索信息、阅读和询问他们想知道的（Liu and Jansen，2017；Sun et al.，2019）。此外，用户出于理解、问题导向和娱乐的目的而继续留在社交媒体中（Chiu and Huang，2015）。在体验数字化知识平台的过程中，用户的依赖关系会分别加强与数字化知识平台和与内容创造者的关系。

此外，用户的理解型和娱乐型依赖关系显著影响其对内容创造者的依恋。在数字化知识平台中，内容创造者提供的信息包含有价值的知识和新颖的消息，会影响用户与内容创造者的关系。这些发现与 Wan 等（2017）的研究结果相似，表明信息价值可以显著地构建用户对内容创造者的依恋。然而，方向型依赖关系对内容创造者的依恋影响不显著。从表 3.7 的结果可以看出，这种影响对潜水用户显著，而对活跃用户不显著。由此可以推断，不同的用户与内容创造者构建的关系是不同的。对于从不发布信息的潜水用户来说，他们需要从内容创造者那里找到解决方案来处理日常问题，并学习互动技巧。而活跃用户的知识、自我效能（Zhao et al., 2016）和社交互动（Khan, 2017）水平较高，可能不需要从内容创造者那里找到此类解决方案，这也反映出活跃用户擅长处理问题和维持人际联系。此外，在本研究的数据集中，活跃用户占多数（59.9%），潜水用户占少数（40.1%）。因此，用户的方向型依赖关系对内容创造者依恋的整体影响不显著。

在用户差异方面，与假设相反，依赖关系和用户依恋构建之间的关系上组间比较大多不显著。一个可能的原因是样本容量小。在数据集中，只有 157 个活跃用户。他们中的一些可能没有非常高水平的活跃程度，这就缩小了与潜水用户在建立用户依恋方面的区别。从表 3.7 中披露的结果可以看出，理解型依赖关系和娱乐型依赖关系对活跃用户和潜水用户的用户依恋形成都有正向影响。另一种可能的解释是，活跃用户和潜水用户都会受理解和娱乐的目标所驱动，从而建立他们对数字化知识平台和对内容创造者的依恋。

在方向型依赖关系方面，活跃用户和潜水用户在建立用户依恋上的差异也不显著。然而，在 5% 和 1% 的显著性水平下，方向型依赖关系对潜水用户建立依恋关系的影响较强，而对活跃用户的影响则非常微弱甚至不显著，这在一定程度上可以支持本研究提出的假设（H_{2c} 和 H_{2d}）。这与 Nonnecke 和 Preece（2001）先前的研究一致，指出满足信息需求是用户潜水的主要目的。研究结果还表明，潜水用户不应被视为在线平台的被动用户。Deng 等（2020）观察到潜水用户比活跃用户更热衷于数字化知识平台。他们会通过点击"喜欢"来评价内容创造者，在反馈关于内容创造者所发布内容的意见方面发挥着重要作用（Deng et al., 2020）。潜水用户在面对解决问题和人际沟通的内容时，会更加关注并倾向于对数字化知识平台和内容创造者形成更强的依恋。

3.5.2 理论贡献

本研究旨在运用媒介依赖理论，探讨活跃用户与潜水用户在数字化知识平台情境中的个人动机与情感依恋。本研究为理论基础提供了一些重要的贡献和启示。

首先，本研究将媒介依赖理论扩展到数字化知识平台背景中。最近已有将媒介依赖理论应用于网络环境中的文献，如电子商务（Patwardhan and Yang，2003）和社交网站（Chiu and Huang，2015）。但是目前还缺乏拓展至已被广泛接受的数字化知识平台语境的研究。数字化知识平台作为一种特殊的媒体，兼具解决问题导向型平台和互动型平台的特点（Gazan，2010；Liu and Jansen，2017）。实证结果验证了媒介依赖理论可以用来解释用户的情感反应，并度量用户在此情境下的依赖动机。

其次，为了更好地理解用户在数字化知识平台语境中的依赖动机，本研究通过考虑该平台的特点，对媒介依赖关系进行重新分类和定义，扩展并充实了媒介依赖理论。Carillo等（2017）认为，研究者应该在不同情境下深化对媒介依赖理论中的依赖关系的研究，这意味着在数字化知识平台情境下可以考虑对这些依赖关系进行重新定义。根据媒介依赖理论（DeFleur and Ball-Rokeach，1989），这些依赖关系可以作为激励因素来解释使用者与媒介之间的依赖关系。在数字化知识平台中，沉浸在平台中的用户被满足好奇心的需求（Kim and Oh，2009）和逃避现实的渴望所驱动（Choi et al.，2014）。因此，本研究将娱乐型依赖关系重新划分为好奇心和逃避现实。结果表明，媒介依赖关系是多方面的，为该理论提供了有意义的补充。

再次，本研究从两个方面加深了对用户依恋的理解：对数字化知识平台的依恋和对内容创造者的依恋。现有的在线平台文献展示了用户行为的相关动机（Nonnecke et al.，2006；Hung et al.，2015；Kefi and Maar，2020）。本研究的贡献在于强调了用户情绪反应的刺激因素。通过深化对用户心理和情感表现，即用户依恋的研究，扩充了有限的关于数字化知识平台情境的研究。为了详细分析用户依恋关系，以往的研究通常将平台内的成员关系作为划分用户依恋关系的基础，将依恋关系分为基于身份的依恋、基于纽带的依恋、基于平台的依恋和基于位置的依恋（Ren et al.，2007；Ren et al.，2012；Loureiro，2014）。相比之下，本研究将重点放在了数字化知识平台的关键构成要素上：内容创造者和平台本身。因此，本研究探讨了对数字化知识平台的依恋和对内容创造者的依恋。在研究模型中提出的用户情感纽带阐明了数字化知识平台背景下的两种用户依恋类型。

最后，本研究架起了信息系统和心理学文献之间的桥梁，可以更好地理解平台用户的依恋形成。本研究将平台成员分为内容创造者和用户，并根据用户是否发帖提问将其进一步划分为活跃用户和潜水用户。这种区别有助于解释已有文献缺乏的比较研究，并强调了用户和内容创造者之间的关系，而不局限于与平台本身的关系。与以往的研究不同，本研究证明了理解型依赖关系在用户对内容创造者的依恋影响上会因用户类型而异。此外，Rafaeli 等（2004）指出了在线平台去潜水（De-lurking）的重要性。要将潜水用户转化为活跃用户，需要弄清潜水用户的动机和情绪反应。因此，本研究结果为增强数字化知识平台中活跃用户和潜水用户的黏性提供了有用见解。

3.5.3 实践启示

就实践贡献而言，本研究可以指导数字化知识平台管理者在他们的在线平台内留住用户。

首先，研究结果表明依赖关系会从三个方面诱导个体在数字化知识平台中形成情感纽带。管理者应该采取以下措施：关于理解型依赖关系的需求，管理者可以添加帮助用户了解自己和社会新闻的推荐内容；在方向型依赖关系方面，管理者可以提供更多与解决方案相关的信息和互动技巧。为了利用用户的好奇心，管理人员可以在主页上提供新奇的内容来吸引用户，让用户点击链接了解更多信息。数字化知识平台的一个重要部分是为用户提供消磨时间的方式，这意味着管理者应该加强平台的娱乐功能。

其次，作为用户的情感反应，用户对数字化知识平台和对内容创造者的依恋也为管理者提供了指导。数字化知识平台管理者应采取战略性行动，通过满足用户的功能需求和娱乐需求，增强用户对内容创造者的依恋和对平台的依恋。此外，管理者应该更多地意识到内容创造者在数字化知识平台中所扮演的重要角色。以往的研究忽视了对内容创造者角色的考察，只探究了其他用户的行为。为了利用内容创造者来提高数字化知识平台中的用户留存率，平台管理者应该更多地关注与内容创造者建立关系，为用户提供更多与他们互动的途径。

最后，本研究提出，潜水用户也可以依赖于数字化知识平台，而不仅仅是活跃用户。本研究通过对活跃用户和潜水用户的比较证明，这两类用户对数字化知识平台和内容创造者产生依恋动机的影响是不同的。管理人员和从业者可以借鉴本研究发现，并针对不同的用户进行定制，以激励他们留在在线平台。例如，管理者可以激励内容创造者与活跃用户进行更深入的讨论，并提供更有趣的和创新的功能来吸引这些用户。对于潜水用户来说，管理者可以根据潜水用户的搜索记录和浏览痕迹，了解他们需要什么类型的信息，从而推荐所需的信息来有效地满足他们的行动和互动需求，这将有助于形成情感纽带。采取了这些措施之后，潜水用户将逐渐与数字化知识平台和内容创造者建立更紧密的联系。

3.6　本章小结

近年来，数字化知识平台作为一种被广泛使用的问答平台，引起了研究者的广泛关注。本章通过比较数字化知识平台中活跃用户和潜水用户之间的差异，分别探讨并对比了不同用户的情感依恋是如何形成的。根据媒介依赖理论，本章从三方面的依赖关系（理解、方向和娱乐）来阐释用户的动机，并将用户依恋分为两个维度（对数字化知识平台的依恋和对内容创造者的依恋）。笔者通过收集262名用户的数据并予以验证，发现数字化知识平台的用户依恋构建受到三种依赖关系的激励。然而，活跃用户和潜水用户形成情感依恋的方式是不同的。这些结果表明，识别活跃用户与潜水用户对理解和管理用户至关重要，建立用户在数字化知识平台中的依恋十分关键。

4 数字化知识平台中的用户积极参与行为分析

4.1 引言

作为开放式复杂问题的通用网络搜索引擎的替代品,问答(q&a)网站近年来越来越流行(Fichman,2011;Lou et al.,2013)。在线问答服务在解决开放问题方面具有快速的周转速度,在解决自然语言问题方面具有平台智慧,这是搜索引擎无法实现的(Khansa et al.,2015)。因此,在线问答服务为互联网用户在日常生活中获取和分享知识提供了另一种方式,数字化知识平台愈来愈受到大众的接纳和喜爱。现今,国内外拥有大量不同的数字化知识平台,如知乎、Yahoo! Answers、Stack Overflow、Korea's Naver Knowledge iN。尽管它们在满足信息搜索的需求方面发挥了作用,但这一新兴技术在信息系统领域受到的关注甚少。由于用户的活跃停留期很短暂,只有少数数字化知识平台能够成功地维持其用户的积极参与(Quantcast,2015),因此,需要关注并探究如何激励用户积极参与数字化知识平台。

现有的数字化知识平台研究主要探究了平台成员的知识行为,如知识贡献(Oh,2012)、信息交换(Jeng et al.,2017)、回复问题(Liu and Jansen,2018)等。这些提供知识信息的成员在本书中为内容创造者(Liu et al.,2019)。在平台中,大量的平台成员为知识消费者和信息搜索者(Sarkar and Sarkar,2019),即用户。对于线上平台中的用户而言,其积极参与的行为表现为浏览知识、发布与讨论相关的信息以及将信息转发给他人(Khansa et al.,2015;Zhang et al.,2018)。当前研究存在两个问题:一是对于平台成员的行为分类还不够清晰,大多数研究将内容创造者和用户混合在一起进行讨论分析;二是关注的平台成员行为更多的是与提供内容相关的,忽视了其他与内容消费或传播相关的行为探究。在这样的研究现状和背景下,本研究期望提出理论模型来分析用户在数字化知识平台中的积极参与行为模式。第3章主要考虑的是用户个人的知识需求(新闻、解决方案、新奇信息等内容),但尚未考虑数字化知识平台这一特殊平台的特征。在上一章的基础上,本研究将平台特征纳入考量,从而研究平台特征可能对用户依恋乃至用户积极参与行为的影响机制。因此,本章提出了以下两个研究问题:

问题一:数字化知识平台中的哪些特征因素会驱动用户建立情感依恋?

问题二：用户依恋如何影响用户的积极参与行为？

为了解决所提的研究问题，本章以情绪线索理论和自我扩张理论作为理论基础，建立了关于积极参与行为的理论框架。通过线上问卷调查收集420个知乎用户的有效数据，从而对于数字化知识平台中用户体验的感知和积极参与行为进行验证。实证结果表明，内容质量和集体效能会正向影响用户依恋，用户依恋会正向影响用户的积极参与行为。对数字化知识平台的依恋和对内容创造者的依恋均会积极影响用户的积极参与行为。

4.2 研究模型及假设

图4.1展示了基于自我扩张理论的用户积极参与行为模型。在数字化知识平台情境下，为探究用户的积极参与行为，本研究从自我扩张理论的视角切入，分析用户从对平台和内容创造者依恋构建扩张至积极参与平台的过程；利用情绪线索理论的"环境因素—情绪—行为"的逻辑框架考虑平台特征变量（内容质量和集体效能）对用户依恋构建的作用；通过情绪线索理论和自我扩张理论的结合，理解用户的积极参与行为机制。

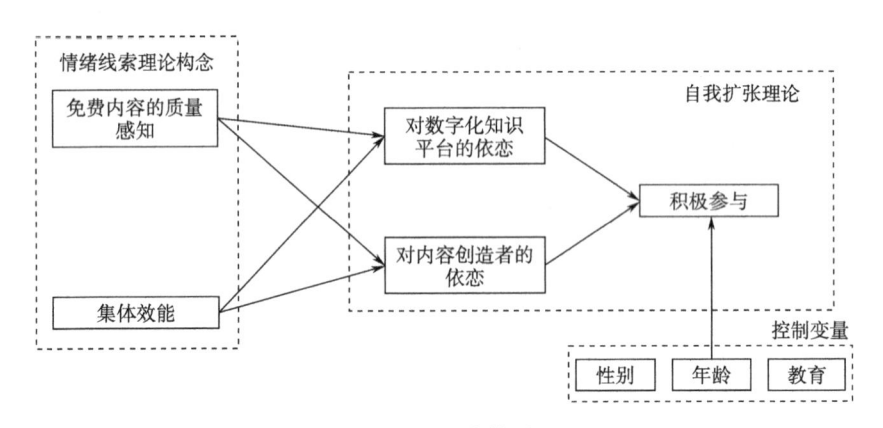

图 4.1 研究模型

4.2.1 情绪线索：用户依恋

在数字化知识平台中，用户通过体验平台、搜索信息、阅读知识能够感知到平台中的信息质量。而平台中的内容是由平台成员共同营造产生的，包括提问、回答、讨论、发帖等知识行为。因此，本研究主要关注内容质量和集体效能这两个数字化知识平台的特征变量。根据情绪线索理论，用户的"环境因素—情绪—行为"关系可以应用于理解用户在数字化知识平台中的情绪反应及行为结果。用户依恋在之前的研究中被视为情绪态度因素（Yuksel et al., 2010）。考虑用户依恋而不是其他情绪态度因素的原因有两方面：一是用户依恋更能代表用户与平台或内容创造者之间的情感关系，这种情感关系正说明了用户的情绪态度；二是用户依恋是一种正向积极态度的表现（Yang et al., 2017），研究者和管理实践者都希望探究如何建立用户在平台中的积极情绪。用户在数字化知识平台中主要从内容创造者处获得回复和知识，在平台中享受公开免费的内容。为了探究数字化知识平台中的用户情感纽带，本研究探索了两个维度的用户依恋：对数字化知识平台的依恋和对内容创造者的依恋。

之前的研究将信息质量作为反映品牌平台中信息价值的要素。高质量的信息有助于用户认识到平台和内容创造者的价值（Cheung et al., 2008），从而更乐意留在平台中。用户将数字化知识平台和内容创造者视为免费内容的重要来源。在本研究中，内容质量指的是数字化知识平台中信息知识的质量，衡量内容质量的因素包含信息的完整度（completeness）、准确性（accuracy）、现代化（currency）及版式清晰度（format）（Wixom and Todd, 2005）。其中，完整度代表着用户是否感知平台提供了所有必要的信息，准确性意味着感知到的信息正确程度，现代化指的是用户是否感知信息是最新的，版式清晰度代表的是用户感知到平台是否清晰美观地展示了信息内容。

高质量的帖子和讨论将帮助用户更好地理解主题，感受到他人的支持，并做出更好的决定（Watts and Zhang, 2008）。低质量的信息是分散注意力的，因为它增加了用户的搜索和信息处理成本（Gu et al., 2007）。感知信息价值作为一种情境特有的感知变量，直接影响消费者承诺（Ndubisi et al., 2014），而消费者承诺反映了用户与平台之间的关系。在数字化知识平台中，知识内容本身的质量会影响用户对其有用性的判断，从而影响他们对于平台的使用（吴继兰、尚珊珊，2019）。如果用户在平台中发现了高质量的信息，那么他们更有可能发展出积极的态度，并希望维系与平台之间的关联。因此，本章提出以下假设：

H_1：内容质量会正向影响用户对数字化知识平台的依恋。

在数字化知识平台中，内容创造者作为主要的内容生产来源，为用户提供大量的信息和知识。用户作为信息内容的消费者，通过搜索、阅读、提问等方式获取信息消费知识。在关系营销情境中，Park 等（2010）提出当消费者感知到与品牌之间的联系时，会产生对品牌的依恋。在社交媒体中，Wan 等（2017）发现，主播提供的信息价值越高，用户越容易发展出对主播的依恋。类似地，当用户感知到内容创造者所提供的知识或服务的内容质量较高时，他们也会跟随创造者，建立对内容创造者的依恋，以提升自己在数字化知识平台中的体验。综上所述，本章提出以下假设：

H_2：内容质量会正向影响用户对内容创造者的依恋。

集体效能最初指的是群体成员对群体实现自己目标的集体能力的信心（Bandura，1986）。在本研究中，指的是对数字化知识平台中成员提供优质信息能力的判断（Bandura，1986；Smith et al.，2007）。之前的研究主要关注组织层面中的集体效能，分析在团队或小组中集体效能对组织中团队发展的影响（Lent et al.，2006；Tasa et al.，2007）。集体效能可以被视为用户对平台这个整体在解决问题或实现目标方面潜力的态度和认识（Kavanaugh et al.，2005）。具有高集体效能的平台成员有可能更多地参与他们的社会文化环境，获得更多的平台资源，发展更强大的社交网络（Smith et al.，2007）。当用户感知到数字化知识平台能够帮助他们解决问题、为他们提供所需的信息、满足他们的平台体验时，那么他们会更有可能建立与平台之间的关系网，加强与平台间的关联。由此，本章提出以下假设：

H_3：集体效能会正向影响用户对数字化知识平台的依恋。

用户通过对集体效能的感知预测平台中社交群体的功能（Giraldeau and Caraco，2000）。在数字化知识平台中，内容创造者和其他用户都是平台成员的组成部分。在群体层面，集体效能的感知与对团队的绩效评估密切相关（Lent et al.，2006）。这意味着对于数字化知识平台中成员集体效能的感知反映了内容创造者的能力水平。内容创造者如果能够分享有价值的知识，将会影响用户的判断和感受（Watts and Zhang，2008）。根据社会交换理论，人们在资源交换中会建立稳定的关系（Blau，1964）。用户从内容创造者获取大量信息资源的时候，也会建立与内容创造者之间的情感纽带，即对内容创造者的依恋。基于这些观点，本研究提出以下假设：

H_4：集体效能会正向影响用户对内容创造者的依恋。

4.2.2 自我扩张：积极参与

根据自我扩张理论（Aron and Aron，1986；Aron and McLaughlin-Volpe，2001），用户的情感依恋具有强烈的动机和行为影响，因为个人对一个人或一个物体有很深的依恋时，他更愿意对这个目标进行投资，以维持或加强与这个目标的关系。Park等（2010）认为，与其他基于情感的因素相比，依恋是反映用户执行更困难行为的一项指标。大多数用户为潜水用户，即只搜索阅读信息的消极行为（Nonnecke et al.，2006；Kefi and Maar，2018），不会进行任何发帖相关的行动。本研究将用户的积极参与行为定义为用户对数字化知识平台中与内容创造者创造的内容相关的内容的参与行为，如浏览讨论的内容、发布与话题讨论相关的内容或者转发平台中的内容给其他人（Zhang et al.，2018）。对于用户而言，积极参与平台是一个要求更高、更困难的行为。用户对社交媒体的高度依赖可能会驱动用户的忠诚度，并鼓励用户发生一些不被要求的额外行为，如在社交媒体上投入额外时间以及有意为社交媒体带来好处等行为（Johnson and Rapp，2010）。强大的情感依恋和更高的平台归属感使得用户很难离开平台，因此他们将继续积极参与平台。

研究发现，当用户对于平台有强烈的依恋时，会更有可能进行交流、分享、消费知识，关注自己喜欢的其他平台成员（Beck et al.，2014；Fischer and Reuber，2011）。例如，Ilicic和Webster（2011）揭示，消费者对他们有情感依恋的名人代言的反应比那些他们没有情感依恋的名人代言的反应更强烈。粉丝们愿意花几个小时来评论他们喜欢的名人的每一条信息，购买他们喜欢的名人代言的商品（Stever，2011）。同样地，在数字化知识平台中，当用户依赖于内容创造者获取知识信息时，他们会更愿意发生一些行为来巩固这种关系，如参与和内容创造者的讨论等。通过这些论点，本章提出以下假设：

H_5：对数字化知识平台的依恋会正向影响用户的积极参与。

H_6：对内容创造者的依恋会正向影响用户的积极参与。

4.3 研究方法

4.3.1 测项建立

为了验证所提假设，笔者进行了一项问卷调查，将现有已验证的量表改编以适应本研究的背景。研究模型中的所有构念均根据之前研究中的题项进行改编和测量，稍加修改以适应本研究的情境。度量免费内容的质量感知的题项是从Setia等（2013）及Wixdom和Todd（2005）的信息质量量表中修改而来的，是一个包含完整度、准确性、现代化及版式清晰度四个方面的构成-映射型二阶变量。基于Bandura（1986）和Smith等（2007）的研究，笔者改编了适合本研究情境的集体效能测量题项。关于对内容创造者的依恋和对数字化知识平台的依恋的题项改编自Ren等（2012）的研究。积极参与的题项来源于Zhang等（2018）的研究，刻画了用户积极参与平台行为的表现。表4.1给出了所有构念和相应的题项，基于之前学者对题项的测度方法，这些题项中积极参与采用了5分制的李克特量表进行度量（从1 = "从不"到5 = "总是"），其余题项采用了7分制的李克特量表进行度量（从1 = "非常不同意"到7 = "非常同意"）。

表4.1 构念和题项

构念	题项	题项内容	来源
完整度（COMP）	COMP1	知乎提供的信息是完整的。	Wixom和Todd（2005）；Setia等（2013）
	COPM2	知乎提供的信息是全面的。	
	COPM3	知乎可以提供需要的所有信息。	
准确性（ACCY）	ACCY1	知乎可以提供准确的信息。	
	ACCY2	从知乎上获取的信息很少有错误。	
	ACCY3	从知乎上获取的信息是精确的。	
版式清晰度（FORM）	FORM1	知乎提供信息的格式非常美观。	
	FORM2	知乎提供信息的界面布局清晰。	
	FORM3	知乎界面能很清楚地展示信息内容。	
现代化（CURE）	CURE1	知乎可以提供最近的信息。	
	CURE2	知乎可以提供最新的信息。	
	CURE3	从知乎上获取的信息总是最新的。	

续表

构念	题项	题项内容	来源
集体效能 （CE）	CE1	我相信知乎中的成员能够提供优质的信息。	Bandura（1986）； Smith 等（2007）
	CE2	我相信知乎中的成员能够很好地相互讨论。	
	CE3	我相信知乎中的成员能够利用资源来提供信息。	
对数字化知识 平台的依恋 （AD）	AD1	总的来说，我喜欢知乎。	Ren 等（2012）
	AD2	我有意向继续使用知乎。	
	AD3	我会向我的朋友推荐知乎。	
	AD4	我觉得知乎很重要。	
	AD5	我觉得知乎很有用。	
对内容创造者 的依恋（AC）	AC1	我很乐意和答主（回答问题、发布文章的人）成为朋友。	Ren 等（2012）
	AC2	我很乐意与答主进一步互动交流。	
	AC3	我有兴趣更多地了解知乎上的答主。	
积极参与 （AP）	AP1	我会浏览知乎中讨论的内容。	Zhang 等（2018）
	AP2	我会在知乎上发布与讨论相关且有用的信息。	
	AP3	我会将知乎上的信息转发给其他人。	

4.3.2 数据收集

该研究通过在线调研平台——问卷星来设计问卷调查，以发送问卷链接的形式针对知乎用户收集实证数据。问卷星是中国目前拥有最多在线样本的专业调研平台，成立于2007年，已累计回收超过70亿份的答卷。设计完问卷后，笔者通过多种在线渠道，如即时通信工具（如微信、QQ）和社交网站（如微博、海报栏），附上关于在线问卷的链接来邀请参与者填写问卷。为了确保回答者有真正的知乎使用经验，被调查者被问及是否有知乎账号和知乎经验。经过一周时间的收集，笔者共收集到了455份问卷，经过仔细的检查，删除了35份不完整或非知乎用户的无效问卷，剩余420份有效问卷用于后续分析。回答者的描述性统计信息如表4.2所示，其中212名为女性，占样本的50.5%。样本中95.7%的回答者的年龄在18岁到34岁之间，这与知乎联合艾瑞共同出台的《知乎用户刻画及媒体价值研究报告》中的人口统计信息结果类似（ZAKER，2017），大多数用户的年龄在 18 岁到 35 岁之间。因此，笔者收集到的样本具有良好的代表性。

表 4.2 回答者的描述性统计概况

描述性统计变量	类别	样本量（人）	百分比（%）
性别	男	208	49.5
	女	212	50.5
年龄	18 岁以下	4	1.0
	18~24 岁	266	63.3
	25~34 岁	136	32.4
	35~44 岁	13	3.1
	45 岁及以上	1	0.2
教育经历	初中及以下	5	1.2
	高中	20	4.8
	大学	213	50.7
	研究生及以上	182	43.3

4.4 数据分析及结果

4.4.1 数据分析工具

本研究采用 SmartPLS 软件进行模型及假设的验证分析。SmartPLS 是一种典型的基于偏最小二乘法的结构方程模型技术，通过使用潜变量来估计路径进行分析建模。SmartPLS 具有以下优势：适合验证一些现有文献中未经证明的假设关系，用于验证探索性以及复杂的理论模型（Chin et al.，2003），如本研究中数字化知识平台的特征（内容质量和集体效能）与用户依恋的关系；适用于处理二阶构成型变量（Ringle et al.，2012），如本研究中的内容质量为二阶构成型变量。

4.4.2 共同方法偏误

本研究仅使用问卷调查这一种方法收集数据，因而容易产生共同方法偏误（Podsakoff et al.，2003），进而影响到数据分析的有效性。为了控制共同方法偏误，本研究通过两种方法来控制。第一，在问卷设计时，虽然会要求回答者提供个人账户截图，但如果回答者不愿意提供也仍然可以继续填写问卷，对于回答者的匿名性保护可以减少他们的评价估计，从而减少共同方法偏误。第二，根据 Podsakoff 等（2003）的研究采用 Harman 单因素分析，结果并没有显示出存在单一因素解释了所有项目的大部分方差，这表明没有严重的共同方法偏误。

4.4.3 测量模型

度量测量模型时，主要需要检验模型拟合度、信度以及效度。通过 LISREL 进行验证性因子分析，可以检验测量模型的拟合度。结果表明，其值均在建议阈值内，是符合要求的：$\chi^2/df = 993.77/377 = 2.636$（≤3），RMSEA = 0.065（≤0.08），NNFI = 0.98（≥0.90），CFI = 0.98（≥0.90），SRMR = 0.047（≤0.10）。信度指的是各变量的题项间的内部一致性程度。效度是指测量变量的题项能够准确测量该构念的程度，包括聚合效度和区分效度。针对本研究里的映射型一阶构念，信度通过组合信度（composite reliability，CR）指标来进行检验，聚合效度通过因子载荷和平均析出方差（AVE）两个指标进行检验。基于表4.3的结果，本研究中构念的组合信度在0.827至0.942之间，超过了0.7的阈值（Fornell and Larcker，1981）。因子载荷最小值为0.735，高于0.7的最小阈值（MacKenzie et al.，2011）。平均析出方差最小值为0.615，高于0.5的阈值（MacKenzie et al.，2011）。因此，表4.3中的分析结果足以反映构念具有足够的信度和聚合效度。

表 4.3 各构念的聚合效度分析结果

构念	题项	因子载荷	均值	方差
完整度（COMP） CR = 0.907，AVE = 0.765	COMP1	0.904	4.65	1.19
	COPM2	0.911	4.50	1.31
	COPM3	0.806	4.59	1.31
准确性（ACCY） CR = 0.935，AVE = 0.826	ACCY1	0.899	4.51	1.23
	ACCY2	0.907	4.11	1.38
	ACCY3	0.921	4.25	1.38
版式清晰度（FORM） CR = 0.935，AVE = 0.826	FORM1	0.888	4.82	1.17
	FORM2	0.915	5.02	1.14
	FORM3	0.915	5.07	1.16

续表

构念	题项	因子载荷	均值	方差
现代化（CURE） CR=0.925，AVE=0.805	CURE1	0.897	5.25	1.11
	CURE2	0.926	5.23	1.15
	CURE3	0.867	4.62	1.34
集体效能（CE） CR=0.938，AVE=0.835	CE1	0.916	5.05	1.16
	CE2	0.905	4.87	1.20
	CE3	0.920	5.09	1.09
对数字化知识平台的依恋（AD） CR=0.941，AVE=0.761	AD1	0.885	5.53	0.99
	AD2	0.867	5.65	1.07
	AD3	0.892	5.41	1.16
	AD4	0.838	5.14	1.24
	AD5	0.880	5.42	1.12
对内容创造者的依恋（AC） CR=0.942，AVE=0.843	AC1	0.930	5.01	1.13
	AC2	0.920	5.12	1.12
	AC3	0.904	5.04	1.20
积极参与（AP） CR=0.827，AVE=0.615	AP1	0.735	3.67	0.86
	AP2	0.794	2.60	1.11
	AP3	0.822	3.37	0.96

区分效度是指多个变量之间的区别程度，需要通过比较两两变量间的相关系数来判定。根据Fornell和Larcker（1981）的研究，任何两个构念之间的相关性都应该低于平均析出方差的平方根。表4.4的结果显示，平均析出方差的平方根范围在0.784到0.918之间，均远超过与其他构念对的相关关系。以上检验结果表明，该研究模型中一阶映射型构念的区别效度是可以被证实的。

表4.4 一阶构念的相关系数表

构念	AC	ACCY	AP	AD	CE	COMP	CURE	FORM
对内容创造者的依恋（AC）	**0.918**							
准确性（ACCY）	0.495	**0.909**						

续表

构念	AC	ACCY	AP	AD	CE	COMP	CURE	FORM
积极参与（AP）	0.434	0.384	**0.784**					
对数字化知识平台的依恋（AD）	0.643	0.512	0.417	**0.873**				
集体效能（CE）	0.619	0.611	0.348	0.696	**0.914**			
完整度（COMP）	0.498	0.804	0.405	0.540	0.580	**0.875**		
现代化（CURE）	0.543	0.529	0.406	0.549	0.533	0.552	**0.897**	
版式清晰度（FORM）	0.508	0.612	0.368	0.568	0.593	0.664	0.588	**0.906**

注：对角线的粗体数字是该概念的平均析出方差的平方根值。

由于研究中涵盖多维变量，本研究根据 Edwards（2001）和 Chin 等（2003）的研究，使用 SmartPLS 建立一阶变量和二阶变量之间的路径，由生成的潜变量得分替代一阶变量作为二阶变量的题项，从而刻画二阶变量。二阶构念的构成型指标通过其权重来评估，表明对二阶构念的贡献。结果如图 4.2 所示，表明一阶构念可以反映并描述二阶构念。

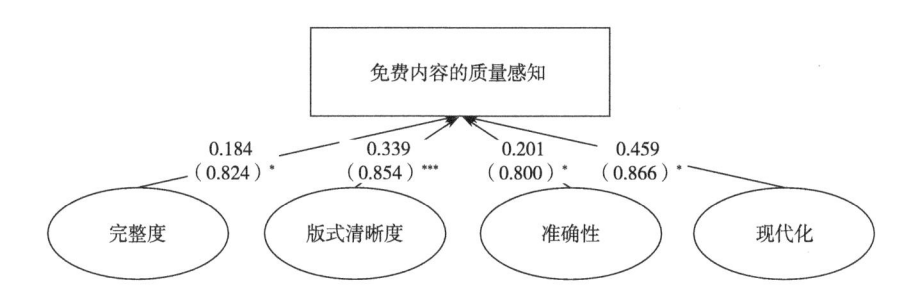

注：在PLS模型中对构成型模型和整体结构模型同时进行了分析。数值代表权重大小。

图 4.2　二阶构成型变量的 PLS 结果

4.4.4　结构模型

在实证分析中，结构模型的验证是一种重要的统计方法，用以检验变量之间的关系，验证研究假设。利用 SmartPLS 工具中的拔靴法可以检验模型的路径显著性和解释能力。本研究考察了性别、年龄和教育对因变量（积极参与）的影响。结果表明，控制变量对积极参与没有显著影响。然后，本研究分析了总共 420 个有效回复的结果（见图 4.3）。从图 4.3 中可见，免费内容的质量感知和集体效能均显著地正向影响着两类用户依恋（假设 H_1、H_2、H_3、H_4 得到支持）。对数字化知识平台的依恋和对内容创造者的依恋也分别对积极参与有正向且显著的影响（假设 H_5 和 H_6 得到支持）。模型结果解释了 54.3% 的用户对数字化知识平台的依恋的方差，45.3% 的用户对内容创造者的依恋的方差，以及 23.7% 的用户积极参与行为的方差。

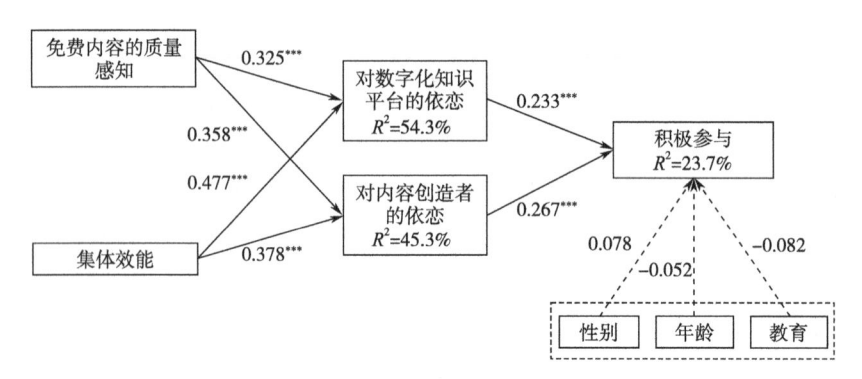

图 4.3　结构模型结果

4.5　结果分析与研究意义

4.5.1　结果讨论

本研究将情绪线索理论与自我扩张理论相结合，探讨用户的积极参与行为。结果显示出所有因变量都被高度解释了。实证结果揭示了一些有趣的发现，详述如下。

首先，本研究通过自我扩张理论证实了用户对数字化知识平台和对内容创造者的依恋与积极参与行为显著相关。这一发现强调用户的依恋在积极参与行为形成中的重要作用。以往的研究已经提到情感依恋会影响用户的一些其他积极活跃的表现，如信息分享（Chung et al., 2016）和成瘾行为（Cao et al., 2020）。这侧面反映出用户的情感依恋的确会驱动个体有更加积极的行为表现。但与之前研究不同的是，本研究主要关注的用户积极参与行为与内容创造或内容提供无关，而与内容消费和内容传播相关。本研究结合研究背景，借鉴 Zhang 等（2018）的题项，对数字化知识平台用户的积极行为进行了分析。

其次，本研究区分了用户依恋的类型，结果表明这两类依恋对用户积极参与的行为均有显著影响。通过对用户依恋的类别划分，本研究分析发现通过构建对内容创造者的依恋和对平台的依恋能够驱动用户积极参与行为的发生。最后，本研究发现在情绪线索理论的基础上，探究的环境因素（内容质量和集体效能）确实可以解释用户的情绪反应（用户依恋）和后续的行为（积极参与）。与假设一致的是，用户对数字化知识平台的判断会对用户依恋的构建起到显著正向的作用。类似地，有学者在探究用户在语音直播平台上的依恋构建时也探究了平台特征的影响，发现信息价值和社交互动功能等会刺激用户构建对内容创造者和平台的情感依恋（Wan et al.，2017）。由此可见，用户体验线上平台时会对平台本身的相关特征或功能进行判断，这将决定他们是否会建立与平台及内容创造者之间的紧密关系。

4.5.2 理论贡献

本研究为理论基础提供了一些重要的贡献和启示。

首先，本研究将情绪线索理论和自我扩张理论应用到数字化知识平台背景中。之前的研究中，自我扩张理论主要应用于营销学和心理学领域中（Park et al.，2010；Carroll and Ahuvia，2006），情绪线索理论主要用于探究社交网络情境中的用户情绪态度（Aghakhani et al.，2018）。在本研究，理论模型的构建和实证结果的验证表明可以利用这两个理论探究数字化知识平台情境下的用户情感依恋和用户积极参与行为，丰富了关于这两个理论的相关研究。

其次，本研究发现了数字化知识平台情境下平台用户积极参与行为的重要性，补充了平台用户行为方面的研究。对于用户积极参与行为的形成机制，从自我扩张理论的视角，探究用户依恋对积极行为的影响。在用户依恋的划分上，以往研究主要关注平台内成员间关系纽带的建立，但没有将其系统化地划分为对平台和对平台重要成员类别（内容创造者）的关系建立，大多笼统地将内容创造者和用户视为同一群体。这导致之前的研究中探究的积极参与行为大多是和内容贡献或知识分享相关的行为。在数字化知识平台中，这些回答问题、提供知识信息、主动分享的行为是内容创造者这类成员角色的行为。本研究重新厘清并强调用户的积极参与行为，即与内容消费和内容传播息息相关的行为。这样一方面可以严格区分平台成员的角色分类，突出了用户和内容创造者在行为上的差异以及在平台中作用的不同，另一方面也强调了用户在平台中存在的重要关系网络建立对象分别为数字化知识平台和内容创造者。

最后，研究结果表明，数字化知识平台的特征因素——内容质量和集体效能对提升用户积极参与行为都有重要作用。基于情绪线索理论可以发现，这些环境因素通过用户依恋的建立，对积极参与行为产生正向影响。虽然已有的研究表明信息质量和集体效能对使用行为和集体绩效表现有一定影响（Saeed and Abdinnour-Helm, 2008; Havakhor and Sabherwal, 2018），但本研究揭示了这两方面的平台特征因素在提高用户参与积极性中的重要性。研究结果表明，内容质量和集体效能是用户积极参与行为的间接预测变量。内容质量在信息系统领域已有比较广泛的研究，而集体效能大多应用于组织管理领域中，学者们往往探究其对团队绩效的影响（Lent et al., 2006; Tasa et al., 2007）。本研究通过在数字化知识平台情境下的实证研究，表明线上平台中的成员也形成了一种虚拟团队，在平台中的集体效能感知也会影响他们在这个线上平台中的行为表现。这启示着学者可以借鉴多学科领域中的个体行为和组织行为研究，将多学科领域里的理论和构念进行交叉研究。

4.5.3 实践启示

就实践贡献而言，本研究可以指导数字化知识平台管理者在他们的在线平台内留住用户，提高用户的积极参与程度。

第一，本研究的积极参与行为强调用户对内容的消费与传播，这有利于管理者增加用户对于平台知识内容的采纳与扩散。一方面，这种积极参与行为包含用户对内容的消费，反映了对平台内容的使用和利用。尤其在数字化知识平台这样的信息集中平台上，只有加强用户对内容的关注，才更有可能使用户继续停留在平台中。另一方面，这种积极的行为还包含对内容的传播扩散。用户自主自发的信息传递行为不仅能宣传平台中的内容，还能扩大内容的覆盖范围。这样的行为背书也向其他潜在用户传递了一种认可评价的信号。因此，管理者应当关注如何提高用户的行为活跃度，通过提高用户的行为活跃度来创造更为融洽的平台氛围，从而形成平台运营的良性循环。

第二，在这两类用户依恋方面，平台管理者可以从强化用户与平台及用户与内容创造者之间的关系入手，提高用户黏性。为了在平台用户中形成用户依恋，管理者可以利用平台特征对用户情绪反应的影响，通过提高内容质量和集体效能感来营造更加合适的平台氛围，从而塑造并强化用户依恋。对于内容创造者而言，首先需要建立与用户的关系，为自己提高粉丝量和关注度而经营，这将有利于为自己的内容引流；其次要为用户创造更高价值的内容来满足用户的信息需求，这样既可以在平台中吸引更多的用户关注，也有助于与用户建立更稳固紧密的关系。对于管理者而言，平台管理员可以提供一些信号来反映内容的质量，比如排序靠前或者用户点击的"喜爱"数量。在集体效能方面，管理者可以对不同活跃度或专业度的成员附上标注和认证，其他成员可以通过这些信息判断成员的能力和水平。

4.6 本章小结

本研究探讨了数字化知识平台的特征因素（内容质量和集体效能）对用户依恋（对数字化知识平台的依恋和对内容创造者的依恋）的影响，并进一步探究了这些因素如何影响他们在平台中积极参与的行为。数字化知识平台的内容质量和集体效能对用户依恋的影响得到了实证研究的支持。本研究表明，用户对数字化知识平台的依恋和对内容创造者的依恋会增强他们的积极参与。数字化知识平台管理者应该关注这两种依恋类型的正向激励效果，同时关注数字化知识平台的特征因素，鼓励用户在平台中积极活跃地参与。

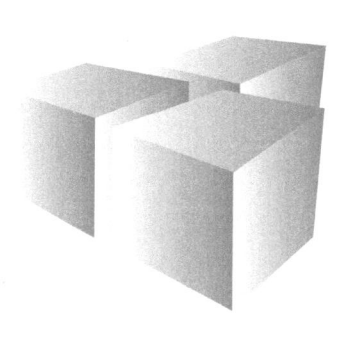

5 数字化知识平台中的用户付费行为研究

5.1 引言

如今普遍存在的信息存储及内容消费技术（如笔记本电脑和手机）使得传播信息的媒介也越来越多样，如数字文本、音频及视频（Pavlou, 2003; Heinze and Matt, 2018）。这使得内容创造者能够更加便利地通过线上媒介有效地传递信息并获利。近来，数字化知识平台作为一种同时具有知识平台和社交平台功能的平台，已经被大众广泛接受并使用。数据显示，Quora 在 2019 年拥有 3 亿个用户，其主要通过广告收益运营平台（Recode, 2019）。而与 Quora 相比，知乎还会通过提供付费产品（知乎 Live）获利。中国互联网咨询数据中心报告显示，截至 2018 年底，已有 1 672 万个用户为知识产品付费，知识付费行业已获利近 49 亿元人民币（Jiguang, 2019），至 2020 年获利已达 392 亿元人民币（艾媒网, 2020）。由此可见，大量用户已经逐渐意识到数字化知识平台中知识的价值，并且愿意付费获取知识。因此，如何管理平台中的知识内容并提高付费知识产品销量，引起了内容创造者和平台管理者的重视和思考。

在知乎平台中，内容创造者会回复用户的提问，给出相应的回答并与用户讨论互动。在这个过程中，平台中产生了大量的免费公开信息内容。基于这样的公开信息分享平台，知乎推出了一种付费知识产品——知乎 Live。知乎 Live 是由内容创造者传递内容的一种直播课程，可供用户获取信息并与内容创造者线上即时互动。参与者可以通过浏览电子文本和聆听内容创造者的音频评述参与直播课程，获取课程内容和知识。通常情况下，直播课程会提前发布在平台上供大家提前了解并付费获取，以便按时参与平台活动。关于内容创造者的介绍信息以及已付费参与人数均被展示在平台上。此外，参与者聆听完直播课程之后，可以对该课程进行留言和评论。如果这些参与者给予的评价很积极，那么他们的认同可能会对后续其他用户的付费参与行为产生影响。

本研究意在探究用户在数字化知识平台中的付费行为动机。为了阐释上述付费行为，本研究利用信息觅食理论和群体信息觅食理论来描述用户如何受到诱因线索和环境因素的影响（Pirolli and Card, 1999; Pirolli, 2009）。在用户支付直播课程之前，用户会寻觅信息并依赖于各种信息线索，如平台中免费公开信息的质量、与内容创造者和直播课程相关的信息以及参与者数量。通过这些线索，用户可以进行判断分析，从而衡量是否支付购买课程。通过启发系统式模型，这些用户分析评估信息时的线索可以区分为启发式线索和系统式线索（Trumbo，2002）。在数字化知识平台这样的社交环境下，用户的社交活动容易受到线上社交信息的影响（Pirolli，2009）。平台里其他用户的认可评价可能会对用户的实际付费决策产生重大影响。因此，本研究提出以下三个问题：

问题一：哪些因素会驱动用户在数字化知识平台中支付直播课程？

问题二：系统式线索（内容质量）和启发式线索（内容创造者的可信度和喜爱程度、参与人数）如何影响用户的付费意愿？

问题三：社会认可如何调节用户的付费意愿和付费行为的关系？

笔者通过收集主观问卷和客观行为获得 178 个知乎用户的有效数据，从而对直播课程的感知和行为进行验证。实证结果表明，感知的免费内容质量、内容创造者的感知可信度和感知参与人数会正向影响用户的付费意愿，付费意愿会正向影响用户的付费行为；社会认可会负向调节付费意愿和付费行为的关系。

5.2 研究模型及假设

依据前面介绍的理论基础，本研究提出如图 5.1 所示的理论模型。为了理解个人在数字化知识平台中的直播课程付费行为，本研究从 IFT 视角考虑系统式和启发式线索。模型中的因变量通过客观数据来衡量，即一段时间内的付费频次。直播课程的付费频次对平台管理者和内容创造者而言是一个重要的结果，这直接决定了课程的收益。通过这个理论模型，可以从两方面解释用户行为：一方面，基于信息觅食理论（IFT）（Pirolli and Card，1999）和启发系统式模型（HSM）（Trumbo，2002）的视角，人们通过仔细搜索和审查已有的信息及其他线索发生行为；另一方面，根据群体信息觅食理论（Pirolli，2009）的观点，人们通过他人的态度和行为决定自己的行为。

5 数字化知识平台中的用户付费行为研究

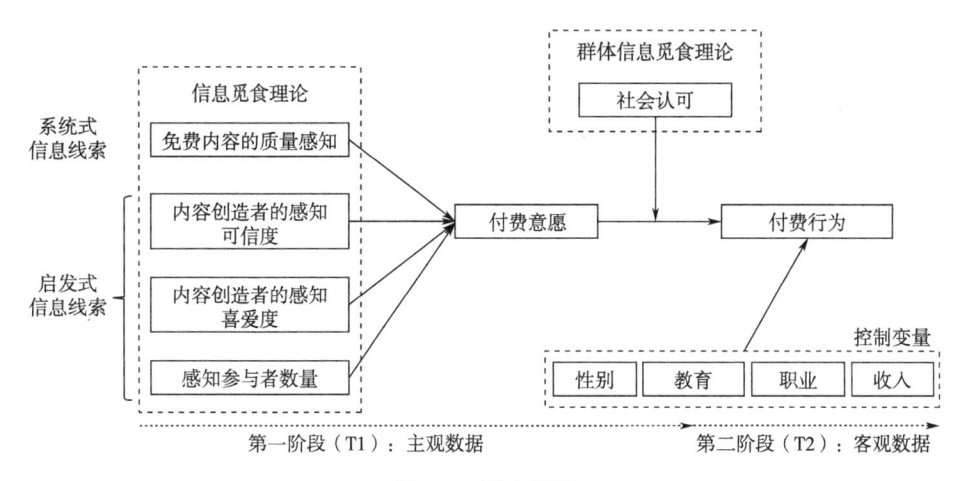

图 5.1 研究模型

5.2.1 系统式信息线索：内容质量

信息觅食理论（IFT）描述了用户在特定环境下搜索信息的过程，并提出如果搜索的信息是相关且有用的，那么用户会坚持搜索信息（Pirolli and Card, 1999; Pirolli, 2007）。在信息搜索过程中，基于诱因的线索会帮助个人寻找信息和知识（Pirolli, 2003; Moody and Galletta, 2015）。在数字化知识平台中，用户可以直接浏览免费公开的平台内容，并通过这些内容判断分析付费内容（直播课程）的质量。可见，免费内容质量的感知是用户评估直播课程价值的一个重要线索。

最新的完整准确且清楚展示出来的内容通常反映了信息是值得信赖和有价值的（Rieh, 2002）。从启发系统式模型（HSM）的视角出发，内容质量类似于论证质量。论证质量代表着有说服力论据内容的合理性和强度（Eagly and Chaiken, 1993）。对于免费公开知识的质量感知需要投入大量的认知努力，这个过程即为系统式信息处理过程。低质量的信息可能会增加用户的信息搜索和处理成本（Gu et al., 2007）。因此，在大量过时且不完整的消息中寻找有价值的信息对用户来说很难。相应地，高质量内容会帮助用户更好地理解话题从而决定是否采纳相关信息（Watts and Zhang, 2008）。这个观点说明高质量的内容是有说服力的、可靠的且值得信赖的（Cheng et al., 2017）。现有研究发现信息质量会引起不同的行为结果，如信息系统采纳（Saeed and

Abdinnour-Helm，2008)、知识分享（Durcikova and Gray，2009）以及购买倾向（Park et al.，2007）。Park 等（2007）指出与产品相关的高质量内容会显著影响用户的购买倾向。而且，Zhao 等（2019）发现，感知知识服务的质量会正向影响用户在数字化知识平台中的付费意向。当用户感知到数字化知识平台中的免费内容质量很高时，他们会认为付费知识产品也是有价值的信息，从而更有意向购买这些产品。由此推断在数字化知识平台中，用户感知到的免费公开内容质量越高，那么其购买直播课程的意向更强。综上所述，本研究提出以下假设：

H_1：免费内容的质量感知对付费意愿有正向的影响。

5.2.2 启发式信息线索：可信度、喜爱度、参与人数

启发式信息处理过程包含基于个人过去经验和观察而使用的相对一般规则（Chaiken，1980）。虽然与付费课程相关的信息会对用户行为有影响，但也假设启发式线索会在影响用户付费意愿上起重要作用。这个假设与 HSM 中的附加作用一致，指的是系统式处理内容线索和启发式处理非内容线索都会对个人的决策判断产生影响（Chaiken et al.，1989）。不论是关于线下情境（Chaiken，1980）还是关于线上情境（Ferran and Watts，2008；Zhang et al.，2014；De Keyzer et al.，2019）的研究，信息来源的可信度和喜爱度都已被视为重要的启发式线索。近来的研究还发现了一个有效的决策规则——评论数量，反映了评论量和相应产品的流行度（Zhang et al.，2014），可以帮助用户快速决策（Park et al.，2007；Park and Lee，2008）。考虑到数字化知识平台的特征，内容创造者是直播课程的信息提供者。在付费参与直播课程之前，用户能够浏览内容创造者的简介信息，也可以看到课程参与人数。因此，对内容创造者的可信度感知、喜爱度感知以及课程参与人数感知是本研究的启发式线索。

依据 Chaiken（1980）的研究，将内容创造者的可信度感知定义为用户关于内容创造者所提供信息的整体可信度感知。可信度感知包含对于信息来源的能力和信誉感知（Sussman and Siegal，2003）。研究表明，人们通常会接受专家的说法并把这视为一种启发式线索，认为专家的说法是有用且值得相信的（Chen and Chaiken，1999；Sussman and Siegal，2003；Li et al.，2013）。这

说明用户对内容创造者的可信度感知是基于已有的印象产生的。Aghakhani等（2018）发现，信息可信度正向影响用户的判断（如内容是否明智、有益、有价值）。内容创造者在数字化知识平台中可以构建个人账户来介绍自己。他们的回答、想法以及发布的文章都展示在个人主页里。通过这些主页里的信息，用户可以推断内容创造者的能力和信誉。信息来源的能力和信誉在某种程度上被认为是有用的（Li et al., 2013）和值得相信的（Cheung et al., 2009）。Giffin（1967）认为，一个有能力且值得信任的内容创造者能够让用户信赖。而对内容创造者的信赖能刺激用户的购买意向（Yoon, 2002）。用户收到他人提供的信息，会更有倾向去选择相关的产品（Senecal and Nantel, 2004）。类似地，有学者发现对内容创造者的可信度感知会对用户的线上信息采纳行为产生显著影响（Watts and Zhang, 2008）。基于这些观点，假设对内容创造者的可信度感知是一个启发式线索，并能够影响用户的付费意愿。基于此，本研究提出以下假设：

H_2：对内容创造者的可信度感知对付费意愿有正向的影响。

启发式处理是由一些线索引起的，如内容创造者的特征（Chaiken, 1980）。来源喜爱度作为信息来源的一个线索，被定义为信息接收者对感知到的信息来源的喜爱程度（Chaiken, 1980; Ferran and Watts, 2008）。用户也更容易接纳自己喜欢的交流者（内容创造者）。如果相较于其他交流者，用户更喜欢这一个交流者，那么这个交流者会被认为比其他交流者更有能力（Chaiken, 1980; Eagly et al., 1991）。通过一个简单的判断规则——人们更容易同意他们喜欢的人的观点，可以推断，这种对内容创造者的喜爱可能会直接影响用户去接受内容创造者提供信息的意愿（Chaiken, 1980）。用户更有意向去购买他们喜欢的内容创造者提供的直播课程。有研究表明，粉丝愿意投入时间去浏览关于他们所喜欢的明星的信息，也会购买明星认可的产品（Stever, 2011）。在数字化知识平台的背景下，用户可能会喜欢部分内容创造者。当喜爱的内容创造者发起直播课程时，用户就会有意向去购买他们的直播课程。由此，本研究提出以下假设：

H_3：对内容创造者的喜爱度感知对付费意愿有正向的影响。

在该研究中，感知参与者数量是第三个启发式线索，可以从以下两个角度理解。一方面，信息量指的是可获得信息的充足程度（Kim et al., 2017）。另一方面，付费参与人员的行为信息可以被视为一种口碑宣传信息，指的是用户感知到的参与人数量及相应产品的流行程度（Park et al., 2007；Zhang et al., 2014）。之前的研究表明，大量下载的线上产品更有可能吸引他人来下载（Duan et al., 2009）。由此可以推断大量的参与者会对其他用户的付费意愿和行为产生重要影响。此外，大量参与者也直接反映了用户的参与度（Gagné, 2003）。受羊群效应的影响，用户倾向于跟随他人付费购买直播课程。考虑到这些因素，当用户感知到一个直播课程有大量人参与时，用户更有意向去付费购买该直播课程。基于此，本研究提出以下假设：

H_4：感知参与者数量对付费意愿有正向的影响。

5.2.3 支付直播课程：付费意愿和付费行为

一些研究将付费意愿定义为一种顾客愿意为一种产品或服务所花费的最高金额（Cameron and James, 1987；Krishna, 1991）。然而，这种定义与产品本身的价格相关，而不与用户相关。本研究关注用户的付费行为倾向和意愿。对于用户而言，付费获取知识相比于免费获取信息内容，是需要付出更多经济成本和信息处理成本的决定（卢恒等，2020）。社会心理学和信息系统研究发现，行为倾向是实际行为的一个直接重要前因（Venkatesh et al., 2003）。此外，基于计划行为理论（Ajzen, 1991），个人意向被认为是一种关于行为的态度倾向。态度倾向可以被视为一个主要的行为决定因素（Ajzen, 1991）。当浏览直播课程时，用户会评估内容创造者和其他相关信息从而考虑是否购买付费知识。因此，本研究提出以下假设：

H_5：付费意愿对付费行为有正向的影响。

5.2.4 群体信息觅食过程：社会认可

SIF理论指出集体的信息共享能够产生更多样的信息，这扩大了个体寻觅信息的搜索范围（Chi, 2009）。社会化觅食过程涵盖了个体本身及其周围的个体成员。一个个体会受到其他个体态度和行为信息的影响。个人也易于产生类似的态度或执行相似的行为。数字化知识平台的社交属性，使得它可以将人们聚集在一起并互相交流（Oh et al., 2008；Lou et al., 2013）。在线平台背景下，用户常常受到身边人影响。为了阐释平台中社交信息的作用，本研究将社会认可视为群体信息觅食理论的一个诱因。

根据同行认可（peer endorsement）（Lim，2013）的概念，本研究将社会认可定义为身边人对数字化知识平台中直播课程的接受程度。Self（1996）指出，社会认可有利于评估内容可信度。这意味着被认可的评价反映了数字化知识平台中直播课程的价值和可信度。Metzger 等（2010）发现，一些参与者经常浏览评论留言来决定是否购买。当用户缺乏个人经验时，来自可靠朋友的评论可以传达有用的产品信息和卖家服务信息（Lin et al.，2019）。Li 等（2019）声称，社会认可是一个影响消费者行为的重要因素。例如，他人点击"喜爱"按钮表达了对一个物品的认可，这样的行为会对后面用户的"喜爱"点击行为产生显著的正向作用（Xu et al.，2019）。如果其他人都认为直播课程有用且准确，那么用户也倾向于持有相同的观点。获取经验用户的信息可以扩大个体信息搜索范围，也提供了相关实用信息的线索（Yi et al.，2017）。相比于一个大众接受度很低的环境，用户更有可能在一个社会认可的环境中购买商品。因此，假设社会认可可以正向调节用户支付意愿对购买直播课程行为的作用。由此，本研究提出以下假设：

H_6：社会认可正向调节付费意愿与付费行为的关系。

5.3 研究方法

为了检验研究模型和假设，本章通过一项纵向实地研究收集数据：从知乎 Live 中收集了用户直播课程的付费行为数据，时间间隔为 9 个月。这个两阶段的纵向数据收集方法可以证明其具有较强的内部效度（Ou et al.，2014；Straub et al.，2004；Kim et al.，2018）。根据之前的研究，Ou 等（2014）和 Kim 等（2018）收集了不同时间点的用户主观反应和行为数据。因此，在收集因变量和现场课程支付金额的客观数据的 9 个月前，笔者设计了线上问卷以收集研究模型中的自变量（independency variables，IVs）和控制变量（control variables，CVs），即用户主观反应数据；9 个月后，在知乎 Live 中收集了因变量（dependent variable，DV），即用户支付直播课程费用的行为数据。自变量和因变量之间 9 个月的收集时间差已在现有研究中有所应用，如电子医疗保健系统（Venkatesh et al.，2011）和其他信息系统研究（Deng and Chi，2012）。之所以选择知乎作为数据源，不仅因为它是中国国内最热门的数字化知识平台之一，还因为它成功地提供了这种独特的名为知乎 live 的付费知识产品。知乎 Live 于 2016 年首次上线，是一种直播课程类知识产品，现在是一个拥有 600 万个付费用户的实时问答付费知识产品（Insight&Info Consulting Ltd，2019）。内容创造者提供各种类型的直播课程，如求职指导、考试技巧、和心理咨询。为了展示直播课程的内容，内容创造者会对自己和课程做一个简短的介绍。用户可以查看课程描述，选择他们想要参加的课程付费获取。

5.3.1 测项建立

支付行为通常是根据购买行为的频率来衡量的（Dawes et al.，2015）。因此，本研究也使用直播课程的购买频率（即在给定的 9 个月内的课程付费数量）作为因变量。笔者还收集了直播课程的支付金额数据（即在给定的 9 个月内为直播课程花费的人民币数额）用于事后分析。两项客观度量指标均在第二阶段（T2）收集，即在其余变量收集的 9 个月之后。在第一阶段（T1），笔者收集了性别、教育、职业和收入这些控制变量的数据。除这些构念外，所有其他主观构念均由多题项量化，也一并于第一阶段收集。

为了开发调查问卷和测量主观构念，笔者采用现有量表进行测度。度量免费内容的质量感知的题项是从 Setia 等（2013）及 Wixdom 和 Todd（2005）的信息质量量表中修改而来的，是一个包含完整度、准确性、现代化及版式清晰度四个方面的构成-映射型二阶变量。对内容创造者的可信度感知的测量题项是根据 Sussman 和 Siegal（2003）研究中的信息源可信度测量题项进行改编的。为了测量对内容创造者的喜爱度感知，笔者采纳了 Ferran 和 Watts（2008）的信息源喜爱度题项。感知参与者数量是根据 Zhang 等（2014）的研究中感知评论数数量的测量题项进行改编的。社会认可的量表是根据 Lim（2013）的同行认可构念进行修改的，这里衡量的是对社会环境的认可程度，并不局限于同行或朋友。付费意愿的题项改编自 Homburg 等（2014）的研究，描述用户付费的可能性。所有题项均以知乎及知乎 Live 为背景进行描述。关于该模型的相关题项内容及来源见表 5.1。

5 数字化知识平台中的用户付费行为研究

表 5.1 构念和题项

构念	题项	题项内容	来源
完整度 (COMP)	COMP1	知乎提供的信息是完整的。	Wixom and Todd (2005); Setia et al. (2013)
	COPM2	知乎提供的信息是全面的。	
	COPM3	知乎可以提供需要的所有信息。	
准确性 (ACCY)	ACCY1	知乎可以提供准确的信息。	
	ACCY2	从知乎上获取的信息很少有错误。	
	ACCY3	从知乎上获取的信息是精确的。	
版式清晰度 (FORM)	FORM1	知乎提供信息的格式非常美观。	
	FORM2	知乎提供信息的界面布局清晰。	
	FORM3	知乎界面能很清楚地展示信息内容。	
现代化 (CURE)	CURE1	知乎可以提供最近的信息。	
	CURE2	知乎可以提供最新的信息。	
	CURE3	从知乎上获取的信息总是最新的。	
对内容创造者的 可信度感知 (PCC)	PCC1	在知乎 Live 中,提供信息的主讲人知识水平很高。	Sussman and Siegal (2003)
	PCC2	在知乎 Live 中,提供信息的主讲人非常专业。	
	PCC3	在知乎 Live 中,提供信息的主讲人值得信赖。	
	PCC4	在知乎 Live 中,提供信息的主讲人很可靠。	
对内容创造者的 喜爱度感知 (PLC)	PLC1	你认为知乎 Live 中的主讲人如何? 无聊的/有魅力的	Ferran and Watts (2008)
	PLC2	不吸引人的/吸引人的	
	PLC3	无趣的/有趣的	
	PLC4	不友好的/友好的	
感知参与者数量 (PQ)	PQ1	许多人曾为知乎 live 中的内容付费。	Zhang et al. (2014)
	PQ2	知乎 Live 上有很多参与者。	
	PQ3	知乎 Live 在知乎中很流行。	
社会认可 (SE)	SE1	我身边有人在使用知乎 Live。	Lim (2013)
	SE2	我身边有人在知乎 Live 中发现了有用的信息。	
	SE3	我身边的人认为知乎 Live 中的内容准确可靠。	
	SE4	我身边的人喜欢知乎 Live。	

续表

构念	题项	题项内容	来源
付费意愿（WTP）	WTP1	在知乎 Live 中花钱购买内容的可能性……	Homburg et al.(2014)
	WTP2	在知乎 Live 中花钱购买内容的意向……	
	WTP3	未来考虑购买知乎 Live 中内容的可能性……	

设计完调查问卷后，笔者邀请了三位研究人员来检查构念的定义及问卷题项是否有误。然后，将所有题项打乱，由几个博士生作为评委来排序分类题项，从而测试概念效度。在他们发现了少量设计和措辞方面的问题后，笔者对这些问题进行调整纠正。最后，笔者择取了 15 名知乎用户组成焦点小组检查是否有排版紊乱及表达不清的问题。问卷中的题项采用了 7 分制的李克特量表进行度量（从 1 = "非常不同意"到 7 = "非常同意"）。

5.3.2 数据收集

在第一阶段中，笔者对知乎用户进行了一次线上问卷调查。为了确认回答者是知乎的实际用户，笔者在调查问卷开始时让回答者上传他们的个人知乎资料截图。此外，笔者还检查了回答者之前是否使用过知乎。即使这些回答者之前没有支付过直播课程的费用，也仍然有购买直播课程的可能，因此也被视为有效的调查参与者。第一阶段的问卷调查历时 5 天。

在第一波数据收集中，274 名参与者提交了完整的调查问卷。笔者通过比较早期和晚期的应答者来评估无应答偏误（Armstrong and Overton, 1977）：对前两天和后两天回复的用户组进行 T 检验，发现在性别、教育程度、职业和收入方面均没有显著差异。因此，在本研究中，无应答偏误并不严重。

然而，其中只有 178 位回答者上传了真实的截屏。在第二波数据收集中，笔者获取了 178 名用户的客观数据。这 178 名用户的描述性统计数据展示在表 5.2 中。表 5.2 显示，他们中的大部分为全日制学生（59%），拥有学士学位（56.7%）或以上（38.2%）。最终，本研究使用了 178 个有效回答进行实证分析。

表 5.2　回答者的描述性统计概况

描述性统计变量	类别	样本量（人）	百分比（%）
性别	男	104	58.4
	女	74	41.5
教育经历	初中及以下	0	0
	高中	9	5.1
	大学	101	56.7
	研究生及以上	68	38.2
职业	全日制学生	105	59.0
	技术/研发人员	25	14.0
	专业人士	21	11.8
	公共服务人员	10	5.6
	其他	17	9.6
月收入	2 000 元以下	90	50.6
	2 001～5 000 元	37	20.8
	5 001～10 000 元	37	20.8
	10 001～20 000 元	12	6.7
	20 001 元以上	2	1.1

5.4　数据分析及结果

5.4.1　数据分析工具

本研究使用 SmartPLS 2.0 工具进行数据分析。最小二乘法（partial least squares，PLS）分析方法可以用于验证含有映射型和构成型变量的模型（Petter et al.，2007；Ringle et al.，2012）。此外，这个方法适用于分析多阶段的模型（Gefen et al.，2011），尤其在模型比较复杂且含有二手数据的情况下（Ringle et al.，2012）。例如，在本研究的模型中，自变量为一阶段主观数据，因变量为二阶段的知乎 Live 中的历史客观数据。因此，在这样的情况下，选择 PLS 作为该研究的主要数据分析工具。

5.4.2　共同方法偏误

Lindell 和 Whitney（2001）指出，在态度-行为关系的截面研究中容易产生共同方法偏误（common method bias，CMB）。为了检验是否存在共同方法偏误，本章首先进行 Harman 单因素分析（Podsakoff et al.，2003）。结果显示测量模型中提取出七个主成分，能够解释 77.29% 的方差。其中，第一个成分解释了 37.1% 的方差，在可接受的 50% 的范围内（Harman，1976）。其次，本研究根据 Malhotra 等（2006）和 Hua 等（2019）的研究采用了标记变量方法。问卷调研中收集了集体效能（collective efficacy）作为标记变量，但这个变量并不涵盖在研究模型中进行分析验证。集体效能与主要构念间的平均相关性并不显著（$\beta=0.01$，$p>0.05$）。因此，这些结果都说明该数据样本中不存在严重的共同方法偏误问题。

5.4.3 测量模型

在测量模型中，首先需要验证映射型一阶构念的信效度。LISREL 软件是确定理论模型与观测数据是否吻合的首选软件（Chwelos et al.，2001），被用于本研究中进行验证性因子分析。Hu 和 Bentler（1999）的研究结果表明，测量模型的模型拟合度比较良好，其中模型拟合指数均高于建议的阈值（$\chi^2/df = 701.73/369 = 1.901$，RMSEA = 0.070，NNFI = 0.96，CFI = 0.97，SRMR = 0.055）。接着，为了度量模型的聚合效度，本研究分析了构念的因子载荷（factor loadings）、克伦巴赫系数（Cronbach's α）、组合信度（composite reliability，CR）和平均析出方差（average variance extracted，AVE）（Gefen et al.，2011）。经过数据检验，所有变量的因子载荷、克伦巴赫系数和组合信度均显著大于临界值 0.7，平均析出方差显著大于临界值 0.5。因此，测量模型的信度较好。结果如表 5.3 所示。

表 5.3　各构念的聚合效度分析结果

构念	题项	因子载荷	平均析出方差	组合信度	克伦巴赫系数
完整度 （COMP）	COMP1	0.875	0.731	0.890	0.814
	COPM2	0.904			
	COPM3	0.781			
准确性 （ACCY）	ACCY1	0.890	0.799	0.923	0.875
	ACCY2	0.895			
	ACCY3	0.897			

续表

构念	题项	因子载荷	平均析出方差	组合信度	克伦巴赫系数
版式清晰度（FORM）	FORM1	0.866	0.775	0.912	0.855
	FORM2	0.873			
	FORM3	0.901			
现代化（CURE）	CURE1	0.883	0.796	0.921	0.871
	CURE2	0.910			
	CURE3	0.883			
对内容创造者的可信度感知（PCC）	PCC1	0.902	0.838	0.954	0.936
	PCC2	0.910			
	PCC3	0.923			
	PCC4	0.926			
对内容创造者的喜爱度感知（PLC）	PLC1	0.913	0.747	0.922	0.886
	PLC2	0.884			
	PLC3	0.890			
	PLC4	0.763			
感知参与者数量（PQ）	PQ1	0.840	0.729	0.890	0.815
	PQ2	0.883			
	PQ3	0.837			
社会认可（SE）	SE1	0.888	0.851	0.958	0.943
	SE2	0.953			
	SE3	0.927			
	SE4	0.921			
付费意愿（WTP）	WTP1	0.927	0.872	0.953	0.927
	WTP2	0.936			
	WTP3	0.939			

本研究还比较了构念平均析出方差值的平方根与两个构念间的相关系数大小，以检验区分效度。如表 5.4 所示，任一构念的平均析出方差平方根值均高于该构念和其他构念间的相关系数，这说明该测量模型中构念量表的区分效度较好。

表 5.4 一阶构念的相关系数表

构念	COMP	ACCY	PCC	CURE	FORM	PLC	PQ	SE	WTP
完整度（COMP）	**0.894**								
准确性（ACCY）	0.750	**0.855**							
对内容创造者的可信度感知（PCC）	0.445	0.352	**0.915**						
现代化（CURE）	0.477	0.454	0.242	**0.892**					
版式清晰度（FORM）	0.519	0.586	0.400	0.404	**0.880**				
对内容创造者的喜爱度感知（PLC）	0.408	0.348	0.767	0.292	0.416	**0.864**			
感知参与者数量（PQ）	0.232	0.191	0.320	0.180	0.206	0.423	**0.854**		
社会认可（SE）	0.301	0.287	0.495	0.238	0.268	0.444	0.329	**0.922**	
付费意愿（WTP）	0.300	0.254	0.461	0.281	0.275	0.445	0.452	0.476	**0.934**

注：对角线的粗体数字是该构念的平均析出方差的平方根值。

由于研究中涵盖多维变量，本研究使用 SmartPLS 来检验二阶构成型变量，结果如图 5.2 所示。二阶构成模型在 SmartPLS 中由一阶变量和二阶变量的关系来刻画。依据 Edwards（2001）和 Chin 等（2003）的研究，从低阶到高阶变量的路径需要先建立在模型中进行分析。这一步 SmartPLS 分析出的潜变量得分用于描述二阶变量。

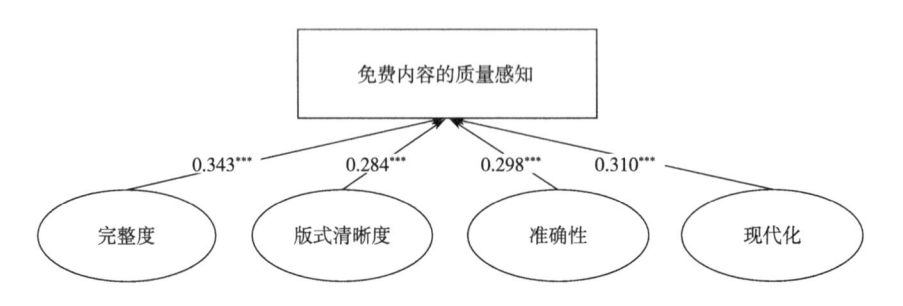

注：在PLS模型中对构成型模型和整体结构模型同时进行了分析。数值代表权重大小。

图 5.2 二阶构成型变量的 PLS 结果

5.4.4 结构模型

本研究在检验了测量模型的信效度指标后，对结构模型进行验证分析。

结果如图 5.3 所示，免费内容的质量感知、内容创造者的可信度感知和感知参与者数量显著正向影响付费意愿。H_1、H_2、H_4 得到支持。此外，付费意愿也显著地正向影响付费行为。H_5 得到支持。然而，结果发现内容创造者的喜爱度感知对付费意愿的作用不显著，H_3 不支持。

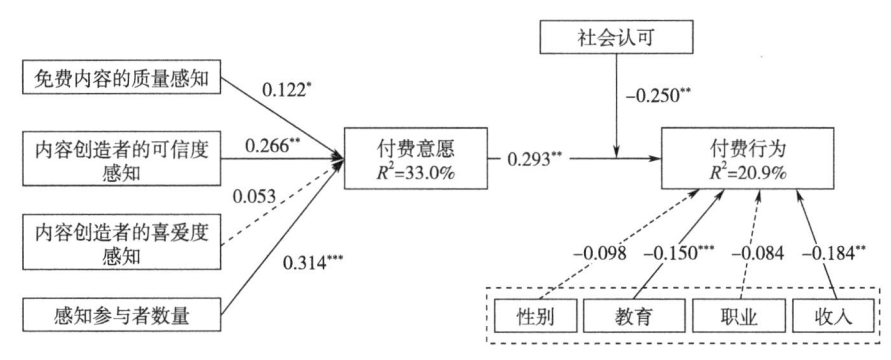

图 5.3 结构模型结果

关于社会认可的调节作用回归分析，本研究基于 Carte 和 Russell（2003）的研究进行检验。表 5.5 展示了三个模型的分析结果：其中模型 Ⅰ 仅包含控制变量，模型 Ⅱ 在控制变量的基础上增加了预测变量（付费意愿）和调节变量（社会认可），而模型 Ⅲ 又添加了交互项。分析结果表明，社会认可负向调节了付费意愿和付费行为（付费频次）之间的关系。H_6 不成立。从结果可见，整个模型的解释力（R^2）达 20.9%。至于控制变量，性别和职业对付费行为无显著影响。收入有正向作用，教育有负向作用。

表 5.5 调节作用回归分析

变量		DV：付费频次			Posthoc：付费金额		
		模型Ⅰ	模型Ⅱ	模型Ⅲ	模型Ⅰ	模型Ⅱ	模型Ⅲ
控制变量	性别	ns	ns	ns	ns	ns	ns
	职业	-0.208***	-0.148***	-0.150***	-0.204***	-0.143**	-0.144**
	教育	ns	ns	ns	-0.130***	ns	-0.121*
	收入	0.167*	0.172**	0.184**	0.162**	0.168**	0.180*

续表

变量		DV：付费频次			Posthoc：付费金额		
		模型Ⅰ	模型Ⅱ	模型Ⅲ	模型Ⅰ	模型Ⅱ	模型Ⅲ
预测变量	付费意愿		0.298**	0.293**		0.302**	0.297**
	调节变量						
	社会认可		−0.322***	−0.272***		−0.341***	−0.296***
交互项	付费意愿×社会认可			−0.250**			−0.226*
R^2		0.053	0.151	0.209	0.055	0.160	0.208

此外，为了更好地理解结果，本研究还进行了两项后验分析：第一项是关于对内容创造者的可信度感知在对内容创造者的喜爱度感知与付费意愿之间的中介作用的检验；第二项是将付费金额替代付费频次为结果变量，验证模型结果。第一项后验分析结果如图5.4所示，可以发现对内容创造者的喜爱度感知显著影响着对内容创造者的可信度感知，可信度感知在对内容创造者的喜爱度感知和付费意愿间起到了中介作用。

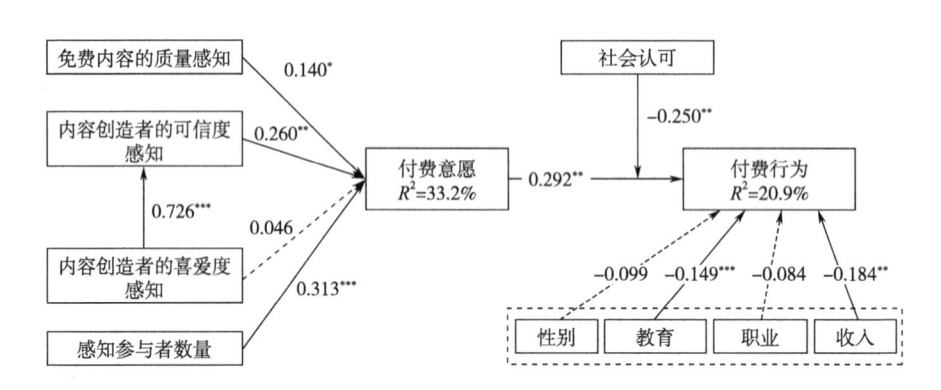

注：—— 表示显示路径；┈┈ 表示不显示路径。

图 5.4 中介效应验证

第二项验证结果也汇总在表5.5中，直接效应和调节效应结果与DV为付费频次的结果一致。唯一例外的结果是后验分析中教育显著负向影响了付费金额，却没有影响付费频次。这可能是因为用户的知识库较弱，需要付费获取更多的知识时，所需支付的直播课程金额较高。另外，在社会认可对付费意愿与付费频次或付费金额的调节作用上均表现为负向调节。这说明，直播课程的付费频次和付费金额有着相似的前因和调节因素，可以用相似的作用机制来提高直播课程服务的收入。

5.5 结果分析与研究意义

5.5.1 结果讨论

基于数据分析结果，本研究有几个重要发现。

首先，付费意愿是付费行为的一个关键决定因素，这表明态度确实能激发用户对直播课程的付费行为。

其次，社会认可对付费意愿和付费行为之间的关系有很强的负向调节作用。这一发现表明，用户的积极评论或推荐反而会抑制个人的付费行为。一个可能的原因是，处在一个群体中的用户倾向于在一项任务上花费较少的精力，这也反映了社会懈怠（social loafing）的现象。社会懈怠指的是个体作为群体的一部分的表现行为减少或削弱（Latané et al., 1979）。群体中他人对直播课程的积极接受可能会削弱个体在社交环境下的付费行为表现。造成这一结果的另一个原因可能是中国文化特色，因为中国文化中强调集体主义。Earley（1989）比较了美国和中国的文化差异，发现中国的集体主义信念对社会懈怠有调节作用，导致了个体的消极表现。所收集的回答者数据均来自中国的一个数字化知识平台，由此推断用户将付费直播课程视为群体层面的任务，并倾向于免费使用此类付费知识产品。

最后，结果表明，系统化信息处理（免费内容的质量感知）和大多数启发式信息处理通过付费意愿强烈地影响用户的支付行为。在前因中，与免费内容、内容创造者、直播课程相关的因素是直播课程在数字化知识平台情境中的具体属性。尽管与 H_3 相反，内容创造者的受欢迎程度并不影响支付意愿。产生这一结果的一个原因可能是通过社交平台形成对内容创造者的喜爱很难，这可能不足以驱动用户购买直播课程的意愿。另一个原因可能是，对内容创造者的喜爱度感知和付费意愿之间的关系可以通过对内容创造者的可信度感知来调节，这与第一个后验分析的结果一致。消费者更倾向于关注和支持自己偏爱的名人（Ilicic and Webster，2011）。用户对内容创造者的喜爱度感知会加强对内容创造者的可信度评估，从而使得可信度感知对付费意愿有显著的正向影响。

5.5.2 理论贡献

本研究有一些重要的理论贡献。

第一，本研究扩充了与数字化知识平台中付费收益相关的研究。线上平台传统的收入来源主要有会员费（Seraj，2012）、广告（Nelson，2002）和数字化产品（Kim et al.，2012）。然而，线上平台的可持续性发展往往受制于缺乏稳定收入或管理者不了解如何运营付费产品或付费服务。因此，如何利用不同的收入来源对管理和运营平台至关重要（Animesh et al.，2011；Oestreicher-Singer and Zalmanson，2013）。本研究解释了用户为何为直播课程付费，研究结果有利于内容创造者和数字化知识平台理解用户的付费行为。特别地，本研究阐明了用户是如何评估和决定为直播课程付费的。

第二，本研究弥补了当前文献中关于用户在数字化知识平台中为获取付费知识而发生支付行为的研究空白，弥补了理论依据的不足。并且，理论模型的实证检验有助于了解用户的在线内容付费行为。随着数字化知识平台逐渐兴起，大部分研究集中于用户的知识共享和贡献行为（Oh，2012；Jin et al.，2015）。然而，只有少数研究探讨了用户在知乎中的付费行为（Cai et al.，2018；Li，2018；Zhao et al.，2019），而这些研究与本研究的目的和研究问题均不同。Cai 等（2018）通过对用户的客观行为数据的分析探究知乎 Live 不同阶段的日销量情况。他们发现，"赞"的数量对直播课程开始前与开始后的日销量都有显著正向影响。Li（2018）探究了一些激励知乎用户贡献直播课程内容的因素。Zhao 等（2019）仅通过收集用户的主观数据来探究其付费的动机。虽然已有部分学者在数字化知识平台情景和用户付费行为方面进行了研究，但尚未将用户的主观感受和客观行为结合起来考虑。针对这一研究空白，本研究收集了主观和客观的数据，从而更好地理解用户的行为过程。

第三，本研究整合了基于诱因的信息觅食理论、群体信息觅食理论和启发系统式模型，强调信息搜集和处理对于探索直播课程中付费行为的价值。

信息觅食理论提出用户希望在搜索信息的过程中找到有价值的知识。信息诱因作为搜寻中的评价线索，被视为评价和处理信息的影响因素。从这个角度出发，本研究采用启发系统式模型，将信息诱因分类为启发式线索和系统性线索。启发系统式模型是研究寻求有效性情境里的传统模型（Majchrzak and Jarvenpaa, 2010）；然而，很少有研究者关注用户面对付费知识产品或服务时的信息处理。特别是在数字化知识平台中，用户的搜索是在人群聚集的环境中进行的。因此，群体信息觅食理论作为一种解释社会环境对信息采集过程中影响的理论，可以用来理解社会环境如何影响用户的付费行为。通过这些理论模型，本研究区分了信息诱因并度量了用户的不同认知努力和信息搜寻偏好。同时，本研究也表明，多种理论可以结合在一个理论框架中，能够较好地提供一个全面解释用户在数字化知识平台中付费行为的框架。

第四，本研究从个人（IFT 和 HSM）和情境（SIF）双维度切入收集用户主观和客观行为数据，对理解用户在直播课程中的付费行为具有启发意义。在决定是否付费直播课程的过程里，用户需要仔细考虑和评估直播课程的价值。在熟悉了这类付费知识产品后，他们能付出较少的认知努力，从而更快地做出付费决策。结果如假设的一样，用户对直播课程和平台的评价影响付费意愿。如果用户愿意付费，他们将在未来为直播课程付费。但是，社会认可反而会在一定程度上减少个人在直播课程上的投入，这与刺激用户支付行为的假设相反。

5.5.3 实践启示

本研究对数字化知识平台如何运营付费产品有一些实践性贡献。根据理论研究模型和实证结果，本研究分别对内容创造者和平台管理者提出了几点建议。首先，关于内容质量，内容创造者应该提供高质量的信息和知识，并考虑内容的完整性、准确度、现代化和版式清晰度。而平台管理员可以提供简单的标识作为信号来反映内容的质量。其次，内容创造者可以添加更多的教育背景信息以展示他们的专业技能，从而增强他们的可信度。平台管理者可以根据内容创造者的教育背景和内容评价状况对其专业程度进行排序。需要提醒的是，提高内容创造者的可信度有利于直播课程的销售。再次，平台管理者可以向其他用户推荐高参与度的直播课程，吸引用户付费参与。最后，数字化知识平台的用户不可避免地会受到他人对某个话题或产品认可的影响。虽然社会认可具有消极的调节作用，但管理者也可以通过削弱好友之间的联系，引导用户更多地参与不熟悉的讨论区域来利用这种作用，这可能有助于直播课程的销售。

5.6 本章小结

本章旨在阐明在数字化知识平台中如何激励用户为知识产品付费的问题。在信息觅食理论和群体信息觅食理论的基础上，本章分析用户搜寻信息时的不同信息诱因，从而探究这些诱因如何影响用户对直播课程的支付行为。实证结果证实了免费内容的质量感知、对内容创造者的可信度感知和参与者数量对用户付费意愿的关键正向作用，并揭示了社会认可在付费意愿和付费行为之间的负调节作用。因此，本研究有助于理解知识产品的特征和用户的知识付费动机。考虑到收益管理在运营在线平台中的重要性，本研究也为付费知识产品（直播课程）的营销实践提供了实证依据。

6 结语与展望

本书主要探索数字化知识平台中用户行为的前因与机理，特别是在用户依恋、用户积极参与以及用户付费行为方面。基于相关理论基础，本书探究用户如何能够停留在数字化知识平台中，并且在停留时如何驱动用户的积极参与度，尤其在知识付费产品上的参与和付费行为如何提高。本章主要总结第 3、4、5 章的主要结论，以及各研究结果引发的理论贡献和管理启示，最后阐述本书的局限性及未来研究的展望。

6.1 主要研究结论

关于用户依恋，本研究将从其形成原因、依恋类别及行为结果三个方面进行总结。首先，用户依恋的形成原因包含用户的个人动机和数字化知识平台的特征因素。第 3 章基于媒介依赖理论，证实了理解型、方向型和娱乐型依赖关系都对用户依恋形成有显著正向的影响。这说明，用户出于理解现实、解决问题和娱乐的目的和需求会继续留在线上平台中。在体验数字化知识平台的过程中，用户的依赖关系会加强他们在数字化知识平台中的用户依恋。第 4 章基于情绪线索理论，假设用户依恋的构建可能会受到平台环境因素的影响。实证结果表明，内容质量和集体效能这两个环境因素确实可以解释用户的情绪反应（用户依恋）。由此可见，用户在体验线上平台时会对平台本身的相关特征或功能进行判断，这会促进他们构建在平台中的情感纽带。其次，本书主要探究了两方面的用户依恋：对数字化知识平台的依恋与对内容创造者的依恋。第 3 章的研究结果表明，用户的理解型和娱乐型依赖关系显著影响其对内容创造者的依恋，但方向型依赖关系对内容创造者的依恋影响不显著。而这三类媒介依赖关系都会显著影响用户对数字化知识平台的依恋。由此可见，在形成不同类别的依恋时，其影响因素也是有差异的。第 4 章的研究结果表明，用户对数字化知识平台的感知判断（内容质量和集体效能）都会显著正向地作用于用户对数字化知识平台和对内容创造者的依恋。最后，第 4 章基于自我扩张理论，假设用户依恋可以扩张用户的积极参与行为。数据分析结果也揭示了用户对数字化知识平台和对内容创造者的依恋与积极参与行为的显著相关关系。这一发现强调了用户依恋在积极参与行为形成中的重要作用。

在数字化知识平台的成员构成上,本书根据成员行为的不同将其划分为内容创造者、活跃用户和潜水用户。首先,本书在文献综述部分根据成员的内容消费、内容参与及内容创造三个方面梳理了不同平台成员的行为差异。其中仅仅搜索信息和浏览内容的成员归类为潜水用户,在此基础上会提问和参与话题讨论的成员为活跃用户,除此之外还回答提问和主动分享专业知识的成员划分为内容创造者。以这种方式,可以清晰明了地认识和了解不同平台成员的具体行为表现。接着,在探究用户依恋构建上,本书比较了活跃用户和潜水用户在形成情感依恋时的差异。在比较用户差异上,第3章总共有三项发现。一是方向型依赖关系在影响对内容创造者的依恋上对潜水用户显著,但对活跃用户不显著。由此可以推断,不同的用户与内容创造者构建的关系是不同的。对于从不发布信息的潜水用户来说,他们需要从内容创造者那里找到解决方案来处理日常问题,并学习互动技巧。而活跃用户的知识水平较高,社交能力较强,可能不需要从内容创造者那里找到此类解决方案,这也反映出活跃用户擅长处理问题和维持人际联系。二是在依赖关系和用户依恋构建之间的关系上组间比较大多不显著,可能是因为活跃用户样本量较小,活跃用户本身的活跃度也不高;也可能是因为对活跃用户和潜水用户而言,他们都会受到理解和娱乐的目标所驱动,从而建立他们对数字化知识平台和内容创造者的依恋。三是方向型依赖关系对潜水用户建立依恋关系的影响较强,而对活跃用户的影响几乎不显著。这说明潜水用户不应被视为在线平台的被动用户。潜水用户也可能比活跃用户更热衷于数字化知识平台,比如通过点击"喜欢"来评价内容,在消费内容和反馈对于内容的意见上发挥着重要作用。结果也反映出,潜水用户在面对解决问题和人际沟通的内容时,会更加关注并倾向于对数字化知识平台和内容创造者形成更强的依恋。

关于用户的付费意愿和付费行为,第5章主要探究了影响用户付费行为的前因和机理。基于主观和客观数据的分析验证,第5章有几项重要发现。首先,付费意愿是影响付费行为的关键性态度因素,表明倾向态度的确能激发数字化知识平台中用户对直播课程的付费行为。这也符合之前的理性行为理论和计划行为理论里所说的个人意向对个体行为的直接正向影响。其次,与假设相反,社会认可负向调节着付费意愿与付费行为之间的关系。这意味着，用户周围的人为直播课程付费了，他们的积极评论和认可态度反而会抑制该用户的个人付费行为。一个可能的原因是群体的懈怠作用。正如前文所提及的，线上平台的成员也组建成一个虚拟团体，其他成员的行为会影响个人的行为表现，从而影响整个群体的行为结果。个体是群体的一部分，看到其他人的付费行为可能会削弱个体在数字化知识平台中的付费行为表现。另一个可能的原因是在中国的集体主义文化背景下，用户个人把付费获取知识产品视为群体层面的任务，他人的付费行为完成了这项群体任务，用户个人认为就没必要再去付费购买，更倾向于去免费公开的讨论区里搜索所需要的知识信息。最后，在影响用户付费意愿的动因探索上，结果发现与免费内容、内容创造者、直播课程相关的因素会正向显著影响用户对于数字化知识平台中直播课程的付费意愿。免费内容的质量感知、对内容创造者的可信度感知以及感知参与者数量会正向影响用户的付费意愿。而对内容创造者的喜爱度感知对付费意愿没有直接作用关系，但后验分析的结果表明对内容创造者的喜爱度感知通过影响对内容创造者的可信度感知，间接影响着用户的付费意愿。用户对内容创造者的喜爱度感知会加强对内容创造者的可信度评估，从而使得可信度感知对付费意愿有显著的正向影响。

6.2 理论贡献

第一，本书对数字化知识平台情境的探究予以丰富和完善。首先，本书对于数字化知识平台的特征因素进行了分析和验证。一方面，在数字化知识平台中的免费公开平台上，第 4 章探索了内容质量和集体效能对提升用户积极参与行为的作用，揭示了这两方面的平台特征因素在提高用户参与积极性中的重要性。另一方面，在平台的知识付费方面，第 5 章探究了平台内容、内容创造者、知识产品等相关因素的特征，综合考量了可能影响用户付费的因素。通过理论模型的构建和实证结果的分析，第 5 章强调了免费内容的质量感知、对内容创造者的可信度感知、对内容创造者的喜爱度感知、感知参与者数量及社会认可对用户付费意愿和付费行为的影响。在决定是否付费直播课程的过程里，用户需要仔细考虑和评估直播程的价值。在熟悉了这类付费知识产品后，他们能付出较少的认知努力，从而更快地做出付费决策。其次，本书刻画出了数字化知识平台的问答功能与社会化功能两方面特征。一是第3章和第4章描述了用户与内容创造者的依恋关系，侧面反映了用户与内容创造者之间的问答获取知识的关系。二是在第5章中，用户参与付费直播课程的行为表明该平台不仅在免费公开的环境下提供了交流互动的环境，还在付费业务中创造了直接交流互动的渠道。其社会化功能使得用户与用户之间的信息传递更加便捷高效。最后，在用户行为的探究上，本书分别主要分析了用户的积极参与行为（第4章）和付费行为（第5章），补充了平台用户行为方面的研究，也丰富了与数字化知识平台中付费收益相关的研究。这两章解释了用户如何评估判断数字化知识平台及直播课程，从而产生积极参与和付费行为。

第二，本书对用户类型进行了更明晰具体的定义和划分。在数字化知识平台中，本书将平台成员分为内容创造者和用户，并根据用户是否发帖提问将其进一步划分为活跃用户和潜水用户。这种区别有助于解释已有文献中缺乏的比较研究，并强调了用户和内容创造者之间的关系，而不局限于与平台本身的关系。第4章的结果证明了理解型依赖关系在用户对内容创造者的依恋影响上会因用户类型而异。这反映了不同类型的用户的确存在差异并且值得探究，也说明了不同类型的用户不仅行为方式不同，其情绪反应过程也有差异。但其他依赖关系在对用户依恋的构建上没有发现明显的用户类型差异，甚至对潜水用户的影响作用关系强于活跃用户。该研究结果对现有研究的理论性启示是潜水用户并非简单的消极用户，需要弄清潜水用户的动机和情绪反应，对增强数字化知识平台中活跃用户和潜水用户的黏性提供了有用见解。

第三，本书推动了用户在数字化知识平台中情感依恋的构建。通过架起信息系统和心理学文献之间的桥梁，我们可以更好地理解平台用户的依恋形成。以往研究主要关注平台内成员间关系纽带的建立，但没有系统化地将其划分为对平台和对平台重要成员类别（内容创造者）的关系建立。第3章和第4章均关注用户依恋的类别和形成机理，对用户依恋进行了明确的划分。在数字化知识平台的背景下，用户依恋涵盖对数字化知识平台的依恋和对内容创造者的依恋。通过这样的划分，一方面可以严格区分平台成员的角色分类，突出了用户和内容创造者在行为上的差异以及在平台中作用的不同；另一方面也强调了用户在平台中存在的重要关系网络建立对象，分别为数字化知识平台和内容创造者。在第 3 章和第 4 章的理论模型中提出的用户情感纽带阐明了数字化知识平台背景下的确存在这两种用户依恋类型，并且这两方面的用户依恋形成对平台的运营和发展也至关重要。

第四，本书拓展了相关理论在数字化知识平台情境下的应用。本书的三个子研究分别利用和拓展了一些相关理论来解决数字化知识平台中的研究问题。第 3 章将媒介依赖理论扩展到数字化知识平台背景中，并对媒介依赖关系进行重新分类和定义，扩展并充实了媒介依赖理论，扩大了该理论的应用范围；此外，在不同情境下，理论的应用可能存在不足和不适用之处，对其的重新理解为该理论提供了有意义的补充。第 4 章将情绪线索理论和自我扩张理论应用到数字化知识平台背景中。在之前的研究中，自我扩张理论主要应用于营销学和心理学领域，情绪线索理论主要用于探究社交网络情境中的用户情绪态度。在本书中，理论模型的构建和实证结果的验证表明可以利用这两个理论探究数字化知识平台情境下的用户情感依恋和用户积极参与行为，丰富了关于这两个理论的相关研究。第 5 章整合了基于诱因的信息觅食理论、群体信息觅食理论和启发系统式模型，强调了信息搜集和处理对于探索直播课程中付费行为的价值。信息觅食理论提出，用户希望在搜索信息的过程中找到有价值的知识。信息诱因作为搜寻中的评价线索，被视为评价和处理信息的影响因素。从这个角度出发，第 5 章采用启发系统式模型，将信息诱因分类为启发式线索和系统性线索。启发系统式模型是研究寻求有效性情境里的传统模型，然而，很少有研究者关注用户面对付费知识产品或服务时的信息处理。特别是在数字化知识平台这样的线上社交平台中，用户的搜索是在人群聚集的环境中进行的。因此，群体信息觅食理论作为一种解释社会环境对信息采集过程中影响的理论，可以用来理解社会环境如何影响用户的付费行为。通过这些理论模型，第 5 章区分了信息诱因并度量了用户的不同认知努力和信息搜寻偏好。同时第 5 章也表明，多种理论可以结合在一个理论框架中，从而形成一个全面解释用户在数字化知识平台中付费行为的框架。

第五，本书深化了对用户知识获取及知识付费行为的理解。已有的信息系统领域中的消费者研究主要着眼于电商环境下的消费行为探究。数字化知识平台是一个知识共享平台，其知识付费产品具有一定的特殊性，其产品不同于电商环境下的有形产品，属于无形线上消费的知识产品；平台环境也不同于电商环境下的纯消费市场，包含免费公开的知识交流平台和付费知识业务部分，与电商有很大的不同。为了探究这种特殊平台下的用户付费行为机理，第 5 章聚焦于数字化知识平台的特征和用户进行知识产品付费的行为过程。线上平台的可持续性发展往往受制于缺乏稳定收入或管理者不了解如何运营付费产品或付费服务。因此，如何利用不同的收入来源对管理和运营平台至关重要。第 5 章解释了用户为何为直播课程付费，研究结果有利于内容创造者和数字化知识平台理解用户的付费行为。特别地，第 5 章阐明了用户是如何评估和决定为直播课程付费的。虽然已有部分学者在数字化知识平台情景和用户付费行为方面进行了研究，但尚未将用户的主观感受和客观行为结合起来考虑。针对这一研究空白，第 5 章收集了主观和客观的数据，从而更好地理解用户的行为过程，为提升平台用户的行为积极性和知识付费量提供了理论依据。

6.3 实践启示

6.3.1 建立用户依恋

首先，管理者可以从理解型、方向型和娱乐型三方面的依赖关系上，引导用户在数字化知识平台中形成情感依恋。在理解型依赖关系方面，管理者可以添加帮助用户了解自己和社会新闻的推荐内容。在方向型依赖关系方面，管理者可以提供更多与解决方案相关的信息和互动技巧。在娱乐型依赖关系方面，管理者可以在主页上提供新奇的内容来吸引用户，使用户点击链接了解更多信息。数字化知识平台的一个重要功能是为用户提供消磨时间的方式，这意味着管理者应该加强平台的娱乐功能。其次，从平台因素入手，管理者可以通过提高内容质量和集体效能感来营造合适的平台氛围，从而塑造并强化用户依恋。内容创造者也可以通过提供价值更高的内容来满足用户的信息需求，从而与用户建立更稳固紧密的关系。在内容质量方面，内容创造者应该提供高质量的信息和知识，考虑内容的完整性、准确度、现代化和版式清晰度。而平台管理员可以提供简单的信号来反映内容的质量，比如评级或

"星星"标记。在集体效能方面,管理者可以对不同活跃度或专业度的成员附上标注和认证,其他成员可以通过这些信息判断成员的能力和水平。最后,管理者应该分别强化对于平台和对于内容创造者的运营和维护。为了利用内容创造者来提高数字化知识平台中的用户留存率,平台管理者应该更多地关注内容创造者,为用户提供更多与他们互动的途径。

在数字化知识平台这样的信息集中平台上,只有加强用户对内容的关注,才更有可能使用户继续停留在平台中。管理者在分析用户行为时,可以对不同用户设置不同的激励措施,提高他们的积极参与度。为了鼓励用户的积极参与行为,管理者可以从建立更紧密的用户依恋入手来驱动用户的积极参与行为。为了预测个人是否愿意积极参与平台,平台管理者应该更多地关注在用户与内容创造者之间,以及用户和平台之间建立情感维系。活跃用户和潜水用户这两类用户对数字化知识平台和内容创造者产生用户依恋动机的影响是不同的,对于不同用户的依恋建立也应有不同的方式。例如,管理者可以激励内容创造者与活跃用户进行更深入的讨论,并提供更有趣和创新的功能来吸引这些用户。对于潜水用户来说,管理者可以根据潜水用户的搜索记录和浏览痕迹,了解他们需要什么类型的信息,从而推荐所需的信息来有效地满足他们的行动和互动需求,这将有助于形成情感纽带。采取这些措施之后,潜水用户将逐渐与数字化知识平台和内容创造者建立更紧密的联系。

6.3.2 发展知识付费业务

平台管理者应当通过一些方式来表现对内容质量的把控和判断,比如:通过更加合理的排序规则,将有用高质的答案排在靠前的位置,减少用户处理信息的成本;通过用户的"喜爱"和"不喜爱"标识量来凸显该帖子或答案的接受程度,反映该条信息内容的质量。在对内容创造者的管理上,平台管理者可以根据内容创造者的教育背景和内容评价状况对其专业程度进行排序。内容创造者自己也可以提供一些相关的技能证书或者学科教育背景,以其作为专业认证的材料展示在主页中。内容创造者可以通过一些与用户的互动讨论,加强与他们之间的交流联系,提升用户对其的喜爱度感知,从而加强对其的可信度感知。在参与者数量方面,平台管理者可以向其他用户推荐高参与度的直播课程,吸引用户付费参与,从而产生一种高参与度直播课程吸引更多用户参与的正向影响效果。另外，管理者也可以在用户的主页中展示该用户参与过的直播课程情况，侧面反映不同直播课程的参与状况，激励其他用户也去付费购买直播课程或其他知识产品。社会认可具有消极的调节作用，这说明亲密好友的认可和背书可能反而削弱用户自身的知识产品购买意向和行为。管理者可以通过削弱好友之间的联系，引导用户更多地参与不熟悉的讨论区域来利用这种作用，这可能有助于直播课程乃至其他付费产品的销售。

6.4 研究局限与展望

6.4.1 局限于数字化知识平台情境

数字化知识平台有其特殊之处，但也有和其他平台的类似之处，如和知识平台一样提供知识，和线上社交媒介一样提供了用户交流互动的渠道。本书通过数字化知识平台考察了该情境下用户付费直播课程获取知识的行为。但人们也可以通过其他渠道获取知识，如电子书、课程视频、传统的线下培训机构等。未来的研究可以考虑这些不同的知识获取方法，以了解在不同背景下激励付费行为因素的差异。

6.4.2 局限于单一平台用户的数据来源

第一，数据主要来自单一的数字化知识平台：知乎。虽然知乎是中国最受欢迎的数字化知识平台之一，但模型和研究结果的普遍性还需要更多的数据进行补充。研究结果还可以推广到类似的平台，如喜马拉雅FM等。通过在其他提供类似付费知识产品的数字化知识平台中复制研究结果，会更有说服力。第二，本书并没有涵盖中国以外其他国家数字化知识平台（Yahoo! Answers 和 Korea's Knowledge iN）用户的数据。可以考虑进一步扩展到其他国家，在不同信息技术、文化背景、经济条件背景以及不同平台功能设置下比较结果是否存在不同。第三，本书的前两个子研究主要使用主观数据来检验假设，第5章收集了主观和客观数据来检验因果关系，但因为无法操纵预测变量仍存在缺陷。鉴于田野实验可以结合田野研究和实验室实验的优势，未来的研究可以利用田野实验的方法来考察用户搜寻信息的诱因，并区分哪些诱因影响了信息搜寻。进一步地，如果能和知乎等其他数字化知识平台公司有更深入的合作，即可通过对知乎后台大数据的分析，开展更加有说服力和实践意义的研究。第四，本书仅从潜水用户和活跃用户的视角进行研究，缺乏从内容创造者视角的考量。未来研究可以考虑收集关于内容创造者的数据，并将重点放在内容创造者如何处理与用户和平台之间的关系上。

6.4.3 其他特征因素考虑不足

在考虑用户个人动机时，本书未考虑如自我效能、互惠性、可供性等因素。未来的研究可以识别并探究是否存在这些关键的前因，从不同的角度解释用户的情绪反应。第 3 章与第 4 章是从动机理论考虑的，还可以考虑功利性动机和娱乐型动机的相关因素，这样可以更加全面地囊括多角度的动因。在第 5 章中，关于用户付费行为的考量缺乏对价格的考虑。当用户决定为直播课程付费时，他们将支付一定数额的金钱。最初，本书希望探究价格的影响。然而，知乎平台中直播课程的价格是动态的，这导致无法获得准确的交易价格。此外，大多数直播课程的价格很便宜，从 1 元到 10 元不等。因此，本书认为这样的可支付价格可能不会存在太大影响。未来的研究可以考虑获取确切的交易价格，从而探究价格和直播课程销量之间的关系，这也将有助于制定一个适当的定价策略。

参考文献

[1] ADIPAT B, ZHANG D, ZHOU L. The effects of tree-view based presentation adaptation on mobile web browsing [J]. MIS quarterly, 2011, 35 (1): 99-122.

[2] AGHAKHANI N, KARIMI J, SALEHAN M. A unified model for the adoption of electronic word of mouth on social network sites: Facebook as the exemplar [J]. International journal of electronic commerce, 2018, 22 (2): 202-231.

[3] AJZEN I. The theory of planned behavior [J]. Organizational behavior and human decision processes, 1991, 50 (2): 179-211.

[4] ALBARRACIN D, WYER R S. Elaborative and nonelaborative processing of a behavior-related communication [J]. Personality and social psychology bulletin, 2001, 27: 691-705.

[5] AGARWAL R, KARAHANNA E. Time flies when you're having fun: cognitive absorption and beliefs about information technology usage [J]. MIS quarterly, 2000, 24 (4): 665-694.

[6] ALTMAN I, LOW S M. Place attachment [M]. Springer Science & Business Media, 2012.

[7] AMICHAI-HAMBURGER Y, GAZIT T, BAR-ILAN J, et al. Psychological factors behind the lack of participation in online discussions [J]. Computers in human behavior, 2016, 55: 268-277.

[8] ANIMESH A, PINSONNEAULT A, YANG S B, et al. An odyssey into virtual worlds: exploring the impacts of technological and spatial environments on intention to purchase virtual products [J]. MIS quarterly, 2011, 35 (3): 789-810.

[9] ARGYRIOU E, MELEWAR T C. Consumer attitudes revisited: a review

of attitude theory in marketing research [J]. International journal of management reviews, 2011, 13: 431-451.

[10] ARMSTRONG J S, OVERTON T S. Estimating nonresponse bias in mail surveys [J]. Journal of marketing research, 1977, 14 (3): 396-402.

[11] ARON A, ARON E N. Love and the expansion of self: understanding attraction and satisfaction [M]. New York: Hemisphere, 1986.

[12] ARON A, ARON E N, NORMAN C. The self-expansion model of motivation and cognition in close relationships and beyond [M]//CLARK M, FLETCHER G. Blackwell handbook in social psychology. Oxford: Blackwell Interpersonal processes, 2001: 478-501.

[13] ARON A, FISHER H, MASHEK D J, et al. Reward, motivation, and emotion systems associated with early-stage intense romantic love [J]. Journal of neurophysiology, 2005, 94: 327-337.

[14] ARON A, MCLAUGHLIN-VOLPE T. Including others in the self: extensions to own and partner's group membership [M]//BREWER M, SEDIKIDES C. Individual self, relational self, and collective self: partners, opponents, or strangers. Mahwah, NJ: Erlbaum., 2001.

[15] ARON A, MCLAUGHLIN-VOLPE T, MASHEK D, et al. Including others in the self [J]. European review of social psychology, 2004, 15 (1): 101-132.

[16] BANDURA A. Social foundations of thought and action: a social cognitive theory [M]. Englewood Cliffs, NJ: Prentice Hall, 1986.

[17] BALLANTYNE R, PACKER J, SUTHERLAND L A. Visitors' memories of wildlife tourism: implications for the design of powerful interpretive experiences [J]. Tourism management, 2011, 32 (4): 770-779.

[18] BALL-ROKEACH S J. The origins of individual media-system dependency: a sociological framework [J]. Communication research, 1985, 12 (4): 485-510.

[19] BALL-ROKEACH S J, ROKEACH M, GRUBE J W. The great American values test: influencing behavior and belief through television [M]. New York: The Free Press, 1984.

[20] BATEMAN P J, GRAY P H, BUTLER B S. Research note: the impact of community commitment on participation in online communities [J]. Information systems research, 2011, 22 (4): 841-854.

[21] BECK R, PAHLKE I, SEEBACH C. Knowledge exchange and symbolic action in social media-enabled electronic networks of practice [J]. MIS quarterly, 2014, 38 (4): 1245-1270.

[22] BLAU P. Exchange, and power in social life [M]. New York: John Wiley & Sons., 1964.

[23] BOWLBY J. The making and breaking of affectional bonds [M]. London: Tavistock Publications, 1979.

[24] CABRERA E F, CABRERA A. Fostering knowledge sharing through people management practices [J]. The international journal of human resource management, 2005, 16 (5): 720-735.

[25] CAI S, LUO Q, FU X, et al. Paying for knowledge: why people paying for live broadcasts in online knowledge sharing community? [C]. Proceedings of the Pacific Asia Conference on Information Systems, 2018: 286-298.

[26] CAMERON T A, JAMES M D. Estimating willingness to pay from survey data: an alternative pre-test-market evaluation procedure [J]. Journal of marketing research, 1987, 24 (4): 389-395.

[27] CAO X, GONG M, YU L, et al. Exploring the mechanism of social media addiction: an empirical study from WeChat users [J]. Internet research, 2020, 30 (4): 1305-1328.

[28] CARTE T A, RUSSELL C J. In pursuit of moderation: nine common errors and their solutions [J]. MIS quarterly, 2003, 27 (3): 479-501.

[29] CARILLO K, SCORNAVACCA E, ZA S. The role of media dependency in predicting continuance intention to use ubiquitous media systems [J]. Information & management, 2017, 54 (3): 317-335.

[30] CARROLL B A, AHUVIA A C. Some antecedents and outcomes of brand love [J]. Marketing letters, 2006, 17 (2): 79-90.

[31] CARVER C S. Pleasure as a sign you can attend to something else: placing positive feelings within a general model of affect [J]. Cognition and emotion, 2003, 17: 241-261.

[32] CENFETELLI R T, BASSELLIER G. Interpretation of formative measurement in information systems research [J]. MIS quarterly, 2009, 33 (4): 689-708.

[33] CHAIKEN S. Heuristic versus systematic information processing and the use of source versus message cues in persuasion [J]. Journal of personality and social psychology, 1980, 39 (5): 752-766.

[34] CHAIKEN S, LIBERMAN A, EAGLY A H. Heuristic and systematic information processing within and beyond the persuasion context [J]. Unintended thought, 1989: 212-252.

[35] CH'NG E. The bottom-up formation and maintenance of a Twitter community [J]. Industrial management & data systems, 2015, 115 (4): 612-624.

[36] CHEN Y T L S C, HUNG C S. The impacts of brand equity, brand attachment, product involvement and repurchase intention on bicycle users [J]. African journal of business management, 2011, 5 (14): 5910-5919.

[37] CHEN A, LU Y, CHAU P Y, et al. Classifying, measuring, and predicting users' overall active behavior on social networking sites [J]. Journal of management information systems, 2014, 31 (3): 213-253.

[38] CHEN R, SHARMA S K. Learning and self-disclosure behavior on social networking sites: the case of Facebook users [J]. European journal of information systems, 2015, 24 (1): 93-106.

[39] CHEN S, CHAIKEN S. The heuristic-systematic model in its broader context [J]. Dual-process theories in social psychology, 1999, 15: 73-96.

[40] CHENG X, FU S, DE VREEDE G J. Understanding trust influencing factors in social media communication: a qualitative study [J]. International journal of information management, 2017, 37 (2): 25-35.

[41] CHEUNG C M, LEE M K, RABJOHN N. The impact of electronic word-of-mouth: the adoption of online opinions in online customer communities [J].

Internet research, 2008, 18 (3): 229-247.

[42] CHEUNG M Y, LUO C, SIA C L, et al. Credibility of electronic word-of-mouth: informational and normative determinants of on-line consumer recommendations [J]. International journal of electronic commerce, 2009, 13 (4): 9-38.

[43] CHI E H. Information seeking can be social [J]. Computer, 2009, 42 (3): 42-46.

[44] CHIN W W. Issues and opinion on structural equation modeling [J]. MIS quarterly, 1998, 22 (1): vii-xvi.

[45] CHIN W W, MARCOLIN B L, NEWSTED P R. A partial least squares latent variable modeling approach for measuring interaction effects: results from a Monte Carlo simulation study and an electronic-mail emotion/adoption study [J]. Information systems research, 2003, 14 (2): 189-217.

[46] CHIN W W, GOPAL A. Adoption intention in GSS: relative importance of beliefs [J]. ACM SIGMIS database: the database for advances in information systems, 1995, 26 (2-3): 42-64.

[47] CHIU C M, FANG Y H, WANG E T. Building community citizenship behaviors: the relative role of attachment and satisfaction [J]. Journal of the association for information systems, 2015, 16 (11): 947-979.

[48] CHIU C M, HUANG H Y. Examining the antecedents of user gratification and its effects on individuals' social network services usage: the moderating role of habit [J]. European journal of information systems, 2015, 24 (4): 411-430.

[49] CHIU C M, HUANG H Y, CHENG H L, et al. Driving individuals' citizenship behaviors in virtual communities through attachment [J]. Internet research, 2019, 29 (4): 870-899.

[50] CHOI N. Information systems attachment: an empirical exploration of its antecedents and its impact on community participation intention [J]. Journal of the American society for information science and technology, 2013, 64 (11): 2354-2365.

[51] CHOI E, KITZIE V, SHAH C. Investigating motivations and expectations of asking a question in social Q&A [J]. First Monday, 2014, 19 (3).

[52] CHUA A Y, BANERJEE S. So fast so good: an analysis of answer quality and answer speed in community question-answering sites [J]. Journal of the American society for information science and technology, 2013, 64 (10): 2058-2068.

[53] CHUNG N, NAM K, KOO C. Examining information sharing in social networking communities: applying theories of social capital and attachment [J]. Telematics and informatics, 2016, 33 (1): 77-91.

[54] CHWELOS P, BENBASAT I, DEXTER A S. Empirical test of an EDI adoption model [J]. Information systems research, 2001, 12 (3): 304-321.

[55] COLLINS N L, READ S J. Adult attachment, working models, and relationship quality in dating couples [J]. Journal of personality and social psychology, 1990, 58 (4): 644-663.

[56] CUI G, LUI H K, GUO X. The effect of online consumer reviews on new product sales [J]. International journal of electronic commerce, 2012, 17 (1): 39-58.

[57] DAMASIO A R. The feeling of what happens: body and emotion in the making of consciousness [M]. San Diego: Harcourt, 2002.

[58] DAVIDOVITZ R, MIKULINCER M, SHAVER P R, et al. Leaders as attachment figures: leaders' attachment orientations predict leadership-related mental representations and followers' performance and mental health [J]. Journal of personality and social psychology, 2007, 93 (4): 632-650.

[59] DAVIS J M, TUTTLE B M. A heuristic-systematic model of end-user information processing when encountering IS exceptions [J]. Information & management, 2013, 50 (2-3): 125-133.

[60] DAWES J, MEYER-WAARDEN L, DRIESENER C. Has brand loyalty declined? A longitudinal analysis of repeat purchase behavior in the UK and the USA [J]. Journal of business research, 2015, 68 (2): 425-432.

[61] DE KEYZER F, DENS N, DE PELSMACKER P. The impact of relational characteristics on consumer responses to word of mouth on social networking sites [J]. International journal of electronic commerce, 2019, 23 (2): 212-243.

[62] DEFLEUR M L, BALL-ROKEACH S. Theories of mass communication [M]. New York: David McKay Comp, 1989.

[63] DENG X, CHI L. Understanding postadoptive behaviors in information systems use: a longitudinal analysis of system use problems in the business intelligence context [J]. Journal of management information systems, 2012, 29 (3): 291-326.

[64] DENG S, JIANG Y, LI H, et al. Who contributes what? Scrutinizing the activity data of 4.2 million Zhihu users via immersion scores [J]. Information processing & management, 2020, 57 (5): 102274.

[65] DUAN W, GU B, WHINSTON A B. Informational cascades and software adoption on the internet: an empirical investigation [J]. MIS quarterly, 2009, 33 (1): 23-48.

[66] DODDS W B, MONROE K B, GREWAL D. Effects of price, brand, and store information on buyers' product evaluations [J]. Journal of marketing research, 1991, 28 (3): 307-319.

[67] DURCIKOVA A, GRAY P. How knowledge validation processes affect knowledge contribution [J]. Journal of management information systems, 2009, 25 (4): 81-108.

[68] EAGLY A H, CHAIKEN S. The psychology of attitudes [M]. New York: Harcourt Brace Jovanovich College Publishers, 1993.

[69] EAGLY A H, ASHMORE R D, MAKHIJANI M G, et al. What is beautiful is good, but …: a meta-analytic review of research on the physical attractiveness stereotype [J]. Psychological bulletin, 1991, 110 (1): 109-128.

[70] EARLEY P C. Social loafing and collectivism: a comparison of the United States and the People's Republic of China [J]. Administrative science quarterly, 1989, 34: 565-581.

[71] EDWARDS J R. Multidimensional constructs in organizational behavior

research: an integrative analytical framework [J]. Organizational research methods, 2001, 4 (2): 144-192.

[72] EROGLU S A, MACHLEIT K A, DAVIS L M. Empirical testing of a model of online store atmospherics and shopper responses [J]. Psychology and marketing, 2003, 20 (2): 139-150.

[73] EVANS J S B. Dual-processing accounts of reasoning, judgment, and social cognition [J]. Annual review of psychology, 2008, 59: 255-278.

[74] FANG C, ZHANG J. Users' continued participation behavior in social Q&A communities: a motivation perspective [J]. Computers in human behavior, 2019, 92: 87-109.

[75] FARAJ S, JARVENPAA S L, MAJCHRZAK A. Knowledge collaboration in online communities [J]. Organization science, 2011, 22 (5): 1224-1239.

[76] FEDORIKHIN A, PARK C W, THOMSON M. Beyond fit and attitude: the effect of emotional attachment on consumer responses to brand extensions [J]. Journal of consumer psychology, 2008, 18 (4): 281-291.

[77] FEENEY J A, NOLLER P. Adult attachment [M]. Sage Publications, 1996: 14.

[78] FERRAN C, WATTS S. Videoconferencing in the field: a heuristic processing model [J]. Management science, 2008, 54 (9): 1565-1578.

[79] FICHMAN P. A comparative assessment of answer quality on four question answering sites [J]. Journal of information science, 2011, 37 (5): 476-486.

[80] FISCHER E, REUBER A R. Social interaction via new social media: (How) can interactions on Twitter affect effectual thinking and behavior? [J]. Journal of business venturing, 2011, 26 (1): 1-18.

[81] FORNELL C, LARCKER D F. Evaluating structural equation models with unobservable variables and measurement error [J]. Journal of marketing research, 1981, 18 (1): 39-50.

[82] FRIJDA N H. The emotions [M]. New York: Cambridge University

Press, 1986.

[83] FU H, OH S. Quality assessment of answers with user-identified criteria and data-driven features in social Q&A [J]. Information processing & management, 2019, 56 (1): 14-28.

[84] GAGNÉ M. The role of autonomy support and autonomy orientation in prosocial behavior engagement [J]. Motivation and emotion, 2003, 27 (3): 199-223.

[85] GAZAN R. Microcollaborations in a social Q&A community [J]. Information processing & management, 2010, 46 (6): 693-702.

[86] GEFEN D, RIDINGS C M. Implementation team responsiveness and user evaluation of customer relationship management: aquasi-experimental design study of social exchange theory [J]. Journal of management information systems, 2002, 19 (1): 47-69.

[87] GEFEN D, RIGDON E E, STRAUB D. Editor's comments: an update and extension to SEM guidelines for administrative and social science research [J]. MIS quarterly, 2011, 35 (2): iii-xiv.

[88] GHAZALI E, MUTUM D S, WOON M Y. Exploring player behavior and motivations to continue playing Pokémon GO [J]. Information technology & people, 2019, 32 (3): 646-667.

[89] GIRALDEAU L A, CARACO T. Social foraging theory [M]. Princeton: Princeton University Press, 2000.

[90] GIFFIN K. The contribution of studies of source credibility to a theory of interpersonal trust in the communication process [J]. Psychological bulletin, 1967, 68 (2): 104-120.

[91] GLEAVE E, WELSER H T, LENTO T M, et al. A conceptual and operational definition of 'social role' in online community [C]//Proceedings of 42nd Hawaii International Conference on System Sciences, 2009: 1-11.

[92] GRANT A E, GUTHRIE K K, BALL-ROKEACH S J. Television shopping: a media system dependency perspective [J]. Communication research,

1991, 18 (6): 773-798.

[93] GRISAFFE D B, NGUYEN H P. Antecedents of emotional attachment to brands [J]. Journal of business research, 2011, 64 (10): 1052-1059.

[94] GU B, KONANA P, RAJAGOPALAN B, et al. Competition among virtual communities and user valuation: the case of investing-related communities [J]. Information systems research, 2007, 18 (1): 68-85.

[95] HAIR J F, ANDERSON R E, TATHAM R L, et al. Multivariate Data Analysis [M]. 5th ed. Englewood Cliffs, NJ: Prentice Hall, 1998.

[96] HARMAN H H. Modern factor analysis [M]. Chicago: University of Chicago press, 1976.

[97] HAVAKHOR T, SABHERWAL R. Team processes in virtual knowledge teams: the effects of reputation signals and network density [J]. Journal of management information systems, 2018, 35 (1): 266-318.

[98] HEINZE J, MATT C. Reducing the service deficit in M-commerce: how service-technology fit can support digital sales of complex products [J]. International journal of electronic commerce, 2018, 22 (3): 386-418.

[99] HENNING B, VORDERER P. Psychological escapism: predicting the amount of television viewing by need for cognition [J]. Journal of communication, 2001, 51 (1): 100-120.

[100] HENSELER J. A new and simple approach to multi-group analysis in partial least squares path modeling [C]//MARTENS H, NES T. Causalities explored by indirect observation: proceedings of the 5th international symposium on PLS and related methods, 2007: 104-107.

[101] HENSELER J. PLS-MGA: A non-parametric approach to partial least squares-based multi-group analysis [C]. Challenges at the interface of data analysis, computer science, and optimization, 2012: 495-501.

[102] HENSELER J, HUBONA G, RAY P A. Using PLS path modeling in new technology research: updated guidelines [J]. Industrial management & data systems, 2016, 116 (1): 2-20.

[103] HENSELER J, RINGLE C M, SARSTEDT M. A new criterion for assessing discriminant validity in variance-based structural equation modeling [J]. Journal of the academy of marketing science, 2015, 43: 115-135.

[104] HOMBURG C, TOTZEK D, KRÄMER M. How price complexity takes its toll: the neglected role of a simplicity bias and fairness in price evaluations [J]. Journal of business research, 2014, 67 (6): 1114-1122.

[105] HU L T, BENTLER P M. Cutoff criteria for fit indexes in covariance structure analysis: conventional criteria versus new alternatives [J]. Structural equation modeling: a multidisciplinary journal, 1999, 6 (1): 1-55.

[106] HUA Y, CHENG X, HOU T, et al. Monetary rewards, intrinsic motivators, and work engagement in the IT-enabled sharing economy: s mixed-methods investigation of Internet taxi drivers [J]. Decision sciences, 2019: 1-31.

[107] HUNG S Y, LAI H M, CHOU Y C. Knowledge-sharing intention in professional virtual communities: a comparison between posters and lurkers [J]. Journal of the association for information science and technology, 2015, 66 (12): 2494-2510.

[108] ILICIC J, WEBSTER C M. Effects of multiple endorsements and consumer-celebrity attachment on attitude and purchase intention [J]. Australasian marketing journal, 2011, 19 (4): 230-237.

[109] Analysis report on knowledge payment market of China in 2019-Industry development status and development opportunity forecast [EB/OL]. [2023-09-16]. http://www.gyii.cn/baogao/wentiyule/chuanmei/2019/0909/253113.html.

[110] Report on the knowledge marketing of China in 2018—taking Zhihu as an example [EB/OL]. [2023-09-20]. https://www.iresearch.com.cn/Detail/report?id=3197&isfree=0.

[111] JENG W, DESAUTELS S, HE D, et al. Information exchange on an academic social networking site: a multidiscipline comparison on researchgate Q&A [J]. Journal of the association for information science and technology, 2017, 68

（3）：638-652.

［112］JIANG H, QIANG M, ZHANG D, et al. Climate change communication in an online Q&A community: a case study of Quora［J］. Sustainability, 2018, 10（5）：1509.

［113］Research report on mobile internet industry data of China in 2018［EB/OL］.［2023-09-20］. https://www.jiguang.cn/reports/368.

［114］JIN J, LI Y, ZHONG X, et al. Why users contribute knowledge to online communities: An empirical study of an online social Q&A community［J］. Information & management, 2015, 52（7）：840-849.

［115］JOHNSON J W, RAPP A. A more comprehensive understanding and measure of customer helping behavior［J］. Journal of business research, 2010, 63（8）：787-792.

［116］KANG M. Active users' knowledge-sharing continuance on social Q&A sites: motivators and hygiene factors［J］. Aslib journal of information management, 2018, 70（2）：214-222.

［117］KAVANAUGH A, CARROLL J M, ROSSON M B, et al. Community networks: where offline communities meet online［J］. Journal of computer-mediated communication, 2005, 10（4）：1-22.

［118］KEFI H, MAAR D. The power of lurking: Assessing the online experience of luxury brand fan page followers［J］. Journal of business research, 2020, 117：579-586.

［119］KHAN M L. Social media engagement: What motivates user participation and consumption on YouTube?［J］. Computers in human behavior, 2017, 66：236-247.

［120］KHANSA L, MA X, LIGINLAL D, et al. Understanding members' active participation in online question-and-answer communities: a theory and empirical analysis［J］. Journal of management information systems, 2015, 32（2）：162-203.

［121］KIM H W, CHAN H C, KANKANHALLI A. What motivates people to purchase digital items on virtual community websites? The desire for online self-presentation [J]. Information systems research, 2012, 23 (4): 1232-1245.

[122] KIM H W, KANKANHALLI A, LEE S H. Examining gifting through social network services: a social exchange theory perspective [J]. Information systems research, 2018, 29 (4): 805-828.

[123] KIM S E, LEE K Y, SHIN S I, et al. Effects of tourism information quality in social media on destination image formation: the case of Sina Weibo [J]. Information & management, 2017, 54 (6): 687-702.

[124] KIM Y C, JUNG J Y. SNS dependency and interpersonal storytelling: an extension of media system dependency theory [J]. New media & society, 2017, 19 (9): 1458-1475.

[125] KIM S, OH S. Users' relevance criteria for evaluating answers in a social Q&A site [J]. Journal of the American society for information science and technology, 2009, 60 (4): 716-727.

[126] KLEINE III R E, KLEINE S S, KERNAN J B. Mundane consumption and the self: a social-identity perspective [J]. Journal of consumer psychology, 1993, 2 (3): 209-235.

[127] KRISHNA A. Effect of dealing patterns on consumer perceptions of deal frequency and willingness to pay [J]. Journal of marketing research, 1991, 28 (4): 441-451.

[128] LAI H M, CHEN T T. Knowledge sharing in interest online communities: a comparison of posters and lurkers [J]. Computers in human behavior, 2014, 35: 295-306.

[129] LATANÉ B, WILLIAMS K, HARKINS S. Many hands make light the work: the causes and consequences of social loafing [J]. Journal of personality and social psychology, 1979, 37 (6): 822.

[130] LEE U, KIM J, YI E, et al. Analyzing crowd workers in mobile pay-for-answer Q&A [C]//Proceedings of the SIGCHI Conference on Human Factors in Computing Systems, 2013: 533-542.

[131] LENT R W, SCHMIDT J, SCHMIDT L. Collective efficacy beliefs in student work teams: relation to self-efficacy, cohesion, and performance [J]. Journal of vocational behavior, 2006, 68 (1): 73-84.

[132] LI Y M, LIOU J H, NI C Y. Diffusing mobile coupons with social endorsing mechanism [J]. Decision support systems, 2019, 117: 87-99.

[133] LI M X, TAN C H, WEI K K, et al. Sequentiality of product review information provision: an information foraging perspective [J]. MIS quarterly, 2017, 41 (3): 867-892.

[134] LI G. Exploring users' motivation to contribute in online platforms [C]// Proceedings of the Pacific Asia Conference on Information Systems, 2018: 325.

[135] LI M, HUANG L, TAN C H, et al. Helpfulness of online product reviews as seen by consumers: source and content features [J]. International journal of electronic commerce, 2013, 17 (4): 101-136.

[136] LIM S. College students' credibility judgments and heuristics concerning Wikipedia [J]. Information processing & management, 2013, 49 (2): 405-419.

[137] LIN C A. Modeling the gratification-seeking process of television viewing [J]. Human communication research, 1993, 20 (2): 224-244.

[138] LIN J, LUO Z, CHENG X, et al. Understanding the interplay of social commerce affordances and swift guanxi: an empirical study [J]. Information & management, 2019, 56 (2): 213-224.

[139] LINDELL M K, WHITNEY D J. Accounting for common method variance in cross-sectional research designs [J]. Journal of applied psychology, 2001, 86 (1): 114-121.

[140] LIU Z, JANSEN B J. Identifying and predicting the desire to help in social question and answering [J]. Information processing & management, 2017, 53 (2): 490-504.

[141] LIU Z, JANSEN B J. Questioner or question: predicting the response rate in social question and answering on Sina Weibo [J]. Information processing & management, 2018, 54 (2): 159-174.

[142] LIU Y, DU F, SUN J, et al. Identifying social roles using heterogeneous features in online social networks [J]. Journal of the association for information science and technology, 2019, 70 (7): 660-674.

[143] LOGES W E. Canaries in the coal mine: perceptions of threat and media system dependency relations [J]. Communication research, 1994, 21 (1): 5-23.

[144] LOGES W E, BALL-ROKEACH S J. Dependency relations and newspaper readership [J]. Journalism quarterly, 1993, 70 (3): 602-614.

[145] LOU J, FANG Y, LIM K H, et al. Contributing high quantity and quality knowledge to online Q&A communities [J]. Journal of the American society for information science and technology, 2013, 64 (2): 356-371.

[146] LOWRY P B, GASKIN J, TWYMAN N, et al. Taking 'fun and games' seriously: proposing the hedonic-motivation system adoption model (HMSAM) [J]. Journal of the association for information systems, 2012, 14 (11): 617-671.

[147] LOUREIRO S M C. The role of the rural tourism experience economy in place attachment and behavioral intentions [J]. International journal of hospitality management, 2014, 40: 1-9.

[148] MACKENZIE S B, PODSAKOFF P M, PODSAKOFF N P. Construct measurement and validation procedures in MIS and behavioral research: integrating new and existing techniques [J]. MIS quarterly, 2011, 35 (2): 293-334.

[149] MAJCHRZAK A, JARVENPAA S L. Safe contexts for interorganizational collaborations among homeland security professionals [J]. Journal of management information systems, 2010, 27 (2): 55-86.

[150] MALHOTRA N K, KIM S S, PATIL A. Common method variance in IS research: a comparison of alternative approaches and a reanalysis of past research [J]. Management science, 2006, 52 (12): 1865-1883.

[151] MARETT K, JOSHI K D. The decision to share information and rumors: examining the role of motivation in an online discussion forum [J]. Communications of the association for information systems, 2009, 24 (1): 47-68.

[152] Marketingland. com. Retrieved September 17, 2018. Quora introduces Broad Targeting, says audience hits 300 million monthly users. www. marketingland. com.

[153] MATTHEWS L. Applying multigroup analysis in PLS-SEM: a step-by-step process [M]//LATAN H, NOONAN R. Partial Least Squares Path Modeling, 2017: 219-243.

[154] MCCART J A, PADMANABHAN B, BERNDT D J. Goal attainment on long tail web sites: an information foraging approach [J]. Decision support systems, 2013, 55 (1): 235-246.

[155] MCCRACKEN G. Who is the celebrity endorser? Cultural foundations of the endorsement process [J]. Journal of consumer research, 1989, 16 (3): 310-321.

[156] MCKENNA K Y, GREEN A S, GLEASON M E. Relationship formation on the Internet: what's the big attraction [J]. Journal of social issues, 2002, 58 (1): 9-31.

[157] MCQUAIL D, BLUMLER J, BROWN J. The television audience: a revised perspective [J]. Sociology of mass communications, 1972: 135-165.

[158] METZGER M J, FLANAGIN A J, MEDDERS R B. Social and heuristic approaches to credibility evaluation online [J]. Journal of communication, 2010, 60 (3): 413-439.

[159] MOLM L D. Coercive power in social exchange [M]. Cambridge: Cambridge University Press, 1997.

[160] MOODY G D, GALLETTA D F. Lost in cyberspace: The impact of information scent and time constraints on stress, performance, and attitudes online [J]. Journal of management information systems, 2015, 32 (1): 192-224.

[161] MORGAN A J, TRAUTH E M. Socio-economic influences on health information searching in the USA: the case of diabetes [J]. Information technology & people, 2013, 26 (4): 324-346.

[162] MOUSAVI S, ROPER S, KEELING K A. Interpreting social identity in online brand communities: considering posters and lurkers [J]. Psychology & marketing, 32017, 4 (4): 376-393.

［163］NAN X, SHARMAN R, RAO H R, et al. Factors influencing online health information search: an empirical analysis of a national cancer-related survey [J]. Decision support systems, 2014, 57: 417-427.

［164］NDUBISI N O, NATARAAJAN R, CHEW J. Ethical ideologies, perceived gambling value, and gambling commitment: an Asian perspective [J]. Journal of business research, 2014, 67 (2): 128-135.

［165］NELSON M R. Recall of brand placements in computer/video games [J]. Journal of advertising research, 2002, 42 (2): 80-92.

［166］NESHATI M. On early detection of high voted Q&A on stack overflow [J]. Information processing & management, 2017, 53 (4): 780-798.

［167］NONNECKE B, PREECE J. Why lurkers lurk [J]. AMCIS 2001 Proc, 2001: 1-10.

［168］NONNECKE B, ANDREWS D, PREECE J. Non-public and public online community participation: needs, attitudes and behavior [J]. Electronic commerce research, 2006, 6 (1): 7-20.

［169］NUNNALLY J C, BERNSTEIN I H, BERGE J M T. Psychometric theory [M]. New York: McGraw-Hill, 1967: 226.

［170］OESTREICHER-SINGER G, ZALMANSON L. Content or community? A digital business strategy for content providers in the social age [J]. MIS quarterly, 2013, 37 (2): 591-616.

［171］OH S. The characteristics and motivations of health answerers for sharing information, knowledge, and experiences in online environments [J]. Journal of the American society for information science and technology, 2012, 63 (3): 543-557.

［172］OH S, OH J S, SHAH C. The use of information sources by internet users in answering questions [J]. Proceedings of the American society for information science and technology, 2008, 45 (1): 1-13.

［173］OU C X, PAVLOU P A, DAVISON R. Swift guanxi in online marketplaces: the role of computer-mediated communication technologies [J]. MIS quarterly, 2014, 38 (1): 209-230.

[174] PARK C W, MACINNIS D J, PRIESTER J, et al. Brand attachment and brand attitude strength: Conceptual and empirical differentiation of two critical brand equity drivers [J]. Journal of marketing, 2010, 74 (6): 1-17.

[175] PARK D H, LEE J. E-WOM overload and its effect on consumer behavioral intention depending on consumer involvement [J]. Electronic commerce research and applications, 2008, 7 (4): 386-398.

[176] PARK D H, LEE J, HAN I. The effect of on-line consumer reviews on consumer purchasing intention: the moderating role of involvement [J]. International Journal of Electronic Commerce, 2007, 11 (4): 125-148.

[177] PATWARDHAN P, YANG J. Internet dependency relations and online consumer behavior: a media system dependency theory perspective on why people shop, chat, and read news online [J]. Journal of interactive advertising, 2003, 3 (2): 57-69.

[178] PAVLOU P A. Consumer acceptance of electronic commerce: Integrating trust and risk with the technology acceptance model [J]. International journal of electronic commerce, 2003, 7 (3): 101-134.

[179] PETTER S, STRAUB D, RAI A. Specifying formative constructs in information systems research [J]. MIS quarterly, 2007, 31 (4): 623-656.

[180] PHAM M T, COHEN J B, PRACEJUS J W, et al. Affect monitoring and the primacy of feelings in judgment [J]. Journal of consumer research, 2001, 28 (2): 167-188.

[181] PIROLLI P. A theory of information scent [J]. Human-computer interaction, 2003, 1: 213-217.

[182] PIROLLI P. An elementary social information foraging model [C]. Proceedings of the SIGCHI Conference on Human Factors in Computing Systems, 2009: 605-614.

[183] PIROLLI P. Information foraging theory: Adaptive interaction with information [M]. Oxford: Oxford University Press, 2007.

[184] PIROLLI P, CARD S. Information foraging in information access

environments [C]. Proceedings of the SIGCHI Conference on Human Factors in Computing Systems, 1995: 95: 51-58.

[185] PIROLLI P, CARD S. Information foraging [J]. Psychological review, 1999, 106 (4): 643-675.

[186] PODSAKOFF P M, MACKENZIE S B, LEE J Y, et al. Common method biases in behavioral research: a critical review of the literature and recommended remedies [J]. Journal of applied psychology, 2003, 88 (5): 879-903.

[187] PREECE J. Online communities: Designing usability and supporting socialbilty [M]. John Wiley & Sons, Inc, 2000.

[188] PREECE J, NONNECKE B, ANDREWS D. The top five reasons for lurking: improving community experiences for everyone [J]. Computers in human behavior, 2004, 20 (2): 201-223.

[189] Quantcast. 2015. Traffic statistics of various Q&A websites by Quantcast. https://www.quantcast.com/ [Q&A site URL].

[190] RAFAELI S, RAVID G, SOROKA V. De-lurking in virtual communities: A social communication network approach to measuring the effects of social and cultural capital [C]//Proceedings of the Thirty-Seventh Hawaii International Conference on System Sciences, 2004: 1-10.

[191] Yes, Quora still exists, and it's now worth $2 billion [EB/OL]. [2023-10-08]. https://www.vox.com/recode/2019/5/16/18627157/quora-value-billion-question-answer Accessed on Dec 23, 2019.

[192] REIMANN M, ARON A. Self-expansion motivation and inclusion of brand is self: Toward a theory brand relationship [M].//MACINNIS D J, PARK C W, PRIESTER J W. Handbook of brand relationships. Armonk, NY: Society for Consumer Psychology, 2009: 327-341.

[193] REN Y, HARPER F M, DRENNER S, et al. Building member attachment in online communities: applying theories of group identity and interpersonal bonds [J]. MIS quarterly, 2012, 36 (3): 41-864.

[194] REN Y, KRAUT R, KIESLER S. Applying common identity and bond theory to design of online communities [J]. Organization studies, 2007, 28 (3): 377-408.

[195] RHOADES L, EISENBERGER R, ARMELI S. Affective commitment to the organization: the contribution of perceived organizational support [J]. Journal of applied psychology, 2001, 86 (5): 825-836.

[196] RIEH S Y. Judgment of information quality and cognitive authority in the Web [J]. Journal of the American society for information science and technology, 2002, 53 (2): 145-161.

[197] RINGLE C M, SARSTEDT M, STRAUB D. Editor's Comments: A critical look at the use of PLS-SEM in "MIS quarterly" [J]. MIS quarterly, 2012, 36 (1): iii-xiv.

[198] ROSENBAUM H, SHACHAF P. A structuration approach to online communities of practice: The case of Q&A communities [J]. Journal of the American society for information science and technology, 2010, 61 (9): 1933-1944.

[199] SAEED K A, ABDINNOUR-HELM S. Examining the effects of information system characteristics and perceived usefulness on post adoption usage of information systems [J]. Information & management, 2008, 45 (6): 376-386.

[200] SARKAR J, SARKAR A. Young adult consumers' involvement in branded smartphone based service apps: investigating the roles of relevant moderators [J]. Information technology & people, 2019, 32 (6): 1608-1632.

[201] SCHWARZ N, CLORE G L. Mood, misattribution, and judgments of well-being: informative and directive functions of affective states [J]. Journal of personality and social psychology, 1983, 45: 513-523.

[202] SCHWARZ N, CLORE G L. Feelings and phenomenal experiences [M]//HIGGINS E T, KRUGLANSKI A W. Social psychology: handbook of basic principles. New York: Guilford, 1996: 433-465.

[203] SELF C S. Credibility [M]//SALWEN M, STACKS D. An integrated

approach to communication theory and research. Mahway, NJ: Erlbaum, 1996.

[204] SENECAL S, NANTEL J. The influence of online product recommendations on consumers' online choices [J]. Journal of retailing, 2004, 80 (2): 159-169.

[205] SERAJ M. We create, we connect, we respect, therefore we are: intellectual, social, and cultural value in online communities [J]. Journal of interactive marketing, 2012, 26 (4): 209-222.

[206] SETIA P, VENKATESH V, JOGLEKAR S. Leveraging digital technologies: how information quality leads to localized capabilities and customer service performance [J]. MIS quarterly, 2013, 37 (2): 565-590.

[207] SHAH C, OH S, OH J S. Research agenda for social Q&A [J]. Library & information science research, 2009, 31 (4): 205-209.

[208] SHAH C, KITZIE V, CHOI E. Modalities, motivations, and materials-investigating traditional and social online Q&A services [J]. Journal of information science, 2014, 40 (5): 669-687.

[209] SHAH C, OH J S, OH S. Exploring characteristics and effects of user participation in online social Q&A sites [J]. First Monday, 2008, 13 (9).

[210] SHAO G. Understanding the appeal of user-generated media: a uses and gratification perspective [J]. Internet research, 2009, 19 (1): 7-25.

[211] SHI X, ZHENG X, YANG F. Exploring payment behavior for live courses in social Q&A communities: an information foraging perspective [J]. Information processing & management, 2020, 57 (4): 102241.

[212] SIMON H A. A behavioral model of rational choice [J]. The quarterly journal of economics, 1955, 69 (1): 99-118.

[213] SMITH R A, FERRARA M, WITTE K. Social sides of health risks: stigma and collective efficacy [J]. Health communication, 2007, 21: 55-64.

[214] WANG N, SHEN X L, ZHANG X. Bias effects, synergistic effects, and information contingency effects: developing and testing an extended information adoption model in social Q&A [J]. Journal of the association for information science and technology, 2019, 70 (12): 1368-1382.

[215] STAFFORD T F, BELTON M, NELSON T, et al. Exploring dimensions of mobile information technology dependence [C]//International Conference of Information Systems, 2010: 1-17.

[216] STEVER G S. Fan behavior and lifespan development theory: explaining para-social and social attachment to celebrities [J]. Journal of adult development, 2011, 18 (1): 1-7.

[217] STRAUB D, BOUDREAU M C, GEFEN D. Validation guidelines for IS positivist research [J]. Communications of the association for information systems, 2004, 13 (24): 380-427.

[218] SUSSMAN S W, SIEGAL W S. Informational influence in organizations: an integrated approach to knowledge adoption [J]. Information systems research, 2003, 14 (1): 47-65.

[219] TANG Z, CHEN L, GILLENSON M L. How to keep brand fan page followers? The lens of person-environment fit theory [J]. Information technology & people, 2018, 31 (4): 927-947.

[220] TASA K, TAGGAR S, SEIJTS G H. 2007. The development of collective efficacy in teams: a multilevel and longitudinal perspective [J]. Journal of applied psychology, 92 (1): 17-27.

[221] THOMSON M, MACINNIS D J, WHAN P C. The ties that bind: measuring the strength of consumers' emotional attachments to brands [J]. Journal of consumer psychology, 2005, 15 (1): 77-91.

[222] TODOROV A, CHAIKEN S, HENDERSON M D. The heuristic-systematic model of social information processing. The Persuasion Handbook: Developments in Theory and Practice, 2002, 195-211.

[223] Trumbo C W. Information processing and risk perception: an adaptation of the heuristic-systematic model [J]. Journal of communication, 2002, 52 (2): 367-382.

[224] ULLAH A, AMEEN K. Account of methodologies and methods applied in LIS research: A systematic review [J]. Library & information science research,

2018, 40 (1): 53-60.

[225] VANDENBERGHE C, BENTEIN K, STINGLHAMBER F. Affective commitment to the organization, supervisor, and work group: Antecedents and outcomes [J]. Journal of vocational behavior, 2004, 64 (1): 47-71.

[226] VENKATESH V, MORRIS M G, DAVIS G B, et al. User acceptance of information technology: toward a unified view [J]. MIS quarterly, 2003, 27 (3): 425-478.

[227] VENKATESH V, ZHANG X, SYKES T A. "Doctors do too little technology": a longitudinal field study of an electronic healthcare system implementation [J]. Information systems research, 2011, 22 (3): 523-546.

[228] VERHAGEN T, FELDBERG F, VAN DEN HOOFF B, et al. Satisfaction with virtual worlds: An integrated model of experiential value [J]. Information & management, 2011, 48 (6): 201-207.

[229] WAKEFIELD R L, WHITTEN D. Mobile computing: a user study on hedonic/utilitarian mobile device usage [J]. European journal of information systems, 2006, 15 (3): 292-300.

[230] WAN J, LU Y, WANG B, et al. How attachment influences users' willingness to donate to content creators in social media: a socio-technical systems perspective [J]. Information & management, 2017, 54 (7): 837-850.

[231] WASKO M M, FARAJ S. Why should I share? Examining social capital and knowledge contribution in electronic networks of practice [J]. MIS quarterly, 2005, 29 (1): 35-57.

[232] WATTS S A, ZHANG W. Capitalizing on content: information adoption in two online communities [J]. Journal of the association for information systems, 2008, 9 (2): 73-94.

[233] WILLIAMS J R. The use of online social networking sites to nurture and cultivate bonding social capital: a systematic review of the literature from 1997 to 2018 [J]. New media & society, 2019, 21 (11-12): 2710-2729.

[234] WIXOM B H, TODD P A. A theoretical integration of user satisfaction

and technology acceptance [J]. Information systems research, 2005, 16 (1): 85-102.

[235] WONG K H, CHANG H H, YEH C H. The effects of consumption values and relational benefits on smartphone brand switching behavior [J]. Information technology & people, 2019, 32 (1): 217-243.

[236] WU P F, KORFIATIS N. You scratch someone's back and we'll scratch yours: collective reciprocity in social Q & A communities [J]. Journal of the American society for information science and technology, 2013, 64 (10): 2069-2077.

[237] XU X, YAO Z, TEO T S. Moral obligation in online social interaction: clicking the "like" button [J]. Information & management, 2019: 103249.

[238] YANG H L, LIN C L. Why do people stick to Facebook web site? A value theory-based view [J]. Information technology & people, 2014, 27 (1): 21-37.

[239] YANG X, LI G, HUANG S S. Perceived online community support, member relations, and commitment: differences between posters and lurkers [J]. Information & management, 2017, 54 (2): 154-165.

[240] YUKSEL A, YUKSEL F, BILIM Y. Destination attachment: Effects on customer satisfaction and cognitive, affective and conative loyalty [J]. Tourism management, 2010, 31 (2): 274-284.

[241] YI C, JIANG Z, BENBASAT I. Designing for diagnosticity and serendipity: an investigation of social product-search mechanisms [J]. Information systems research, 2017, 28 (2): 413-429.

[242] YOON S J. The antecedents and consequences of trust in online-purchase decisions [J]. Journal of interactive marketing, 2002, 16 (2): 47-63.

[243] YUN H, LEE G, KIM D J. A chronological review of empirical research on personal information privacy concerns: an analysis of contexts and research constructs [J]. Information & management, 2019, 56 (4): 570-601.

[244] Zhang K Z, Barnes S J, Zhao S J, et al. Can consumers be persuaded

on brand microblogs? An empirical study [J]. Information & management, 2018, 55 (1): 1-15.

[245] Zhang X Z, Guo X, Ho S Y, et al. Effects of emotional attachment on mobile health-monitoring service usage: an affect transfer perspective [J]. Information & management, 2020: 103312.

[246] ZHANG J, ZHANG J, ZHANG M. From free to paid: customer expertise and customer satisfaction on knowledge payment platforms [J]. Decision support systems, 2019, 127 (113140): 1-13.

[247] ZHANG J, ZHAO Y. A user term visualization analysis based on a social question and answer log [J]. Information processing & management, 2013, 49 (5): 1019-1048.

[248] Zhang K Z, Zhao S J, Cheung C M, et al. Examining the influence of online reviews on consumers' decision-making: a heuristic-systematic model [J]. Decision support systems, 2014, 67: 78-89.

[249] ZHAO L, DETLOR B, CONNELLY C E. Sharing knowledge in social Q&A sites: the unintended consequences of extrinsic motivation [J]. Journal of management information systems, 2016, 33 (1): 70-100.

[250] ZHAO Y, PENG X, LIU Z, et al. Factors that affect asker's pay intention in trilateral payment-based social Q&A platforms: from a benefit and cost perspective [J]. Journal of the association for information science and technology, 2019: 1-13.

[251] ZHAO Y, ZHAO Y, YUAN X, et al. How knowledge contributor characteristics and reputation affect user payment decision in paid Q&A? An empirical analysis from the perspective of trust theory [J]. Electronic commerce research and applications, 2018, 31: 1-11.

[252] ZHU J, SONG L J, ZHU L, et al. Visualizing the landscape and evolution of leadership research [J]. The leadership quarterly, 2019, 30 (2): 215-232.

[253] 知乎发布用户报告：用户群体多元化，认为知乎专业、真实、原

创［EB/OL］.［2022-03-17］. http://www.myzaker.com/article/59e9a10f1bc8e0967b000032/.

［254］艾媒咨询. 2020年中国知识付费行业发展专题研究报告［EB/OL］.［2023-09-10］. https://www.iimedia.cn/c400/76060.html.

［255］常亚平, 刘兴菊, 阎俊, 等. 虚拟平台知识共享之于消费者购买意向的研究［J］. 管理科学学报, 2011, 14: 86-96.

［256］陈国青, 任明, 卫强, 等. 数智赋能: 信息系统研究的新跃迁［J］. 管理世界, 2022, 38 (1): 180-196.

［257］郭博, 赵隽瑞, 孙宇. 数字化知识平台用户行为统计特性及其动力学分析: 以知乎网为例［J］. 数据分析与知识发现, 2018, 2: 48-58.

［258］金晓玲, 汤振亚, 周中允, 等. 用户为什么在问答平台中持续贡献知识?: 积分等级的调节作用［J］. 管理评论, 2013, 25: 138-146.

［259］刘征驰, 田小芳, 石庆书. 网络虚拟平台知识分享治理机制［J］. 管理学报, 2015, 12: 1394-1401.

［260］卢恒, 张向先, 张莉曼, 等. 理性与偏差视角下在线问答平台用户知识付费意愿影响因素构型研究［J］. 图书情报工作, 2020, 64 (19): 89-98.

［261］沈波, 赖园园. 网络问答平台 "Quora" 与 "知乎" 的比较分析［J］. 管理学刊, 2016, 29: 43-50.

［262］宋慧玲, 帅传敏, 李文静. 知识问答平台用户持续使用意愿的实证研究［J］. 信息资源管理学报, 2019, 9: 68-81.

［263］苏鹭燕, 李瀛, 李文立. 用户在线知识付费影响因素研究: 基于信任和认同视角［J］. 管理科学, 2019, 23: 90-104.

［264］唐晓波, 李新星. 数字化知识平台知识共享机制的系统动力学仿真研究［J］. 情报科学, 2018, 36: 125-129.

［265］汤铎铎, 刘学良, 倪红福, 等. 全球经济大变局、中国潜在增长率与后疫情时期高质量发展［J］. 经济研究, 2020, 55 (8): 4-23.

［266］吴继兰, 尚珊珊. MOOCs平台学习使用影响因素研究: 基于隐性和显性知识学习视角［J］. 管理科学学报. 2019, 22 (3): 21-39.

［267］Trustdata: 2020年7月移动互联网全行业排行榜 TOP 1000 ［EB/

OL]. [2023-08-22]. http://www.199it.com/archives/1104444.html.

[268] 张鹏翼, 张璐. 社会资本视角下的用户社交问答行为研究 [J]. 情报杂志, 2015, 34 (12): 186-199.

[269] 张颖, 朱庆华. 付费知识问答平台中提问者的答主选择行为研究 [J]. 情报理论与实践, 2018, 41: 21-26.

[270] 朱岩, 石言. 数字经济的要素分析 [J]. 清华管理评论, 2019, Z2: 24-29.